SONDERABDRUCK
AUS DEM
HANDBUCH DER PHYSIK
UNTER REDAKTIONELLER MITWIRKUNG VON
R. GRAMMEL-STUTTGART · F. HENNING-BERLIN
H. KONEN-BONN · H. THIRRING-WIEN · F. TRENDELENBURG-BERLIN
W. WESTPHAL-BERLIN
HERAUSGEGEBEN VON
H. GEIGER UND KARL SCHEEL
BAND XXI
(VERLAG VON JULIUS SPRINGER IN BERLIN)
NICHT IM HANDEL

TEMPERATURSTRAHLUNG
FESTER KÖRPER

VON

E. LAX UND M. PIRANI

MIT 81 ABBILDUNGEN

BERLIN 1929

ISBN 978-3-642-98454-9
DOI 10.1007/978-3-642-99268-1

ISBN 978-3-642-99268-1 (eBook)

Berlin
Verlag von Julius Springer
1929

Inhaltsverzeichnis.

A. Einleitende Bemerkungen.

1. Angaben über das behandelte Gebiet. Im folgenden wird eine Übersicht über die experimentellen Arbeiten über Temperaturstrahlung fester Körper gegeben. Es ist vor allem die durch reine Wärmebewegung entstehende, durch die Oberfläche des Körpers austretende Strahlung, also reine Temperaturstrahlung, berücksichtigt. Vollkommene Beschränkung auf reine Temperaturstrahlung würde das Übergehen eines Teiles der Arbeiten über die Strahlung der Oxyde, die den elektrischen Strom nicht leiten, bedingen, und zwar würden die Untersuchungen über die Strahlung der Oxyde sowohl in kompakter Form als in Skelettform (nach Art des Auerstrumpfes) bei Flammenerhitzung fortfallen. Diese Untersuchungen erschienen jedoch interessant genug, um auch auf sie einzugehen.

Im folgenden werden nur Angaben über Reflexions- resp. Emissionsvermögen gemacht. Da für die optischen Konstanten, Absorptions- und Brechungsindex, mit wenigen Ausnahmen nur Angaben bei Zimmertemperatur für kleine Wellenlängenbereiche vorliegen und durch diese ein Einblick in die Temperaturstrahlung nicht unmittelbar gegeben wird, sind sie nicht angegeben. Ebenso sind Messungen des spektralen Reflexionsvermögens, die sich nur auf einzelne Wellenlängenbereiche bei Zimmertemperatur beziehen, also keinen Überblick über die thermische Strahlung vermitteln, nicht berücksichtigt. Dagegen sind Messungen von Reflexions- und Emissionsvermögen, die für eine Wellenlänge, aber in einem weiteren Temperaturbereich gemacht worden sind, ebenso wie Messungen über den Polarisationszustand der Strahlung einzelner Wellenlängenbereiche bei höheren Temperaturen aufgeführt, da daraus auf die Veränderungen der Strahlungseigenschaften mit der Temperatur geschlossen werden kann.

Eine Zusammenfassung sämtlicher Angaben erschien unmöglich, eine Ausführung an Hand von nur je einem Beispiel zu lückenhaft; es ist deshalb versucht worden, neben eingehender Behandlung typischer Beispiele an Hand von Tabellen und Abbildungen einen größeren Überblick über das Gebiet zu vermitteln. Ein großer Teil der Untersuchungen der Strahlung hat sich mit den zur Herstellung von Leuchtkörpern benutzten Materialien befaßt. Die Ergebnisse sind zum Teil schon in dem XIX. Bande ds. Handb. im Kap. 2

dargestellt. Da es jedoch nach Ansicht der Verfasser den Überblick sehr erschwert, wenn die dort angeführten Daten hier fortgelassen werden, sind sie nochmals angegeben. Es ließ sich auch nicht vermeiden, die als Beispiele in dem Kap. 5 des XX. Bandes „Weißes Licht. Gesetzmäßigkeiten schwarzer und nichtschwarzer Strahlung" von L. GREBE angegebenen Werte nochmals aufzuführen.

2. Einfluß der Oberfläche und der Materialstruktur. Die Strahlung geht bei allen, auch bei undurchsichtigen Körpern, von einer Oberflächenschicht endlicher Dicke aus; neben der Strahlung der Moleküle der Oberfläche tritt also auch Strahlung aus tieferen Schichten heraus. Die Beschaffenheit dieser Oberflächenschicht ist neben dem Material maßgebend für die ausgesandte Strahlung. Die Oberflächenschicht darf sich in dem untersuchten Temperaturgebiet nicht durch chemische oder physikalische Einflüsse verändern. Der Körper darf also während der Untersuchung nicht chemisch mit dem umgebenden Gase reagieren, noch eine Gasschicht adsorbieren, darf nicht dissoziieren, der Aggregatzustand darf sich nicht ändern, und eine Verdampfung darf die Oberflächenstruktur nicht merklich ändern. Um eine definierte reproduzierbare Oberflächenschicht zu erhalten, sucht man diese im allgemeinen möglichst dicht

herzustellen, vermeidet jegliche Unebenheit durch gute Politur. Verschiedenheiten in der Politur von Metalloberflächen haben vor allem bei Untersuchungen der kurzwelligen Strahlung zu abweichenden Ergebnissen geführt[1]). Mit Fortschreiten der Bearbeitungstechnik sind in vielen Fällen ältere Messungen überholt.

Die Schichtdicke, die in Betracht kommt, ist je nach dem Material verschieden, für Metalle sehr dünn, für durchsichtige Körper groß. Eine Schätzung der Schichtdicke von Metallen im sichtbaren Gebiet vermitteln z. B. die Messungen von HAGEN und RUBENS[2]) über die Änderung des Reflexionsvermögens und der Durchlässigkeit mit der Schichtdicke. Abb. 1 zeigt die Durchlässigkeit von Silberschichten verschiedener Dicke in Abhängigkeit von der Wellenlänge (2,2 bis 7,0 · 10^{-5} cm) bei Zimmertemperatur.

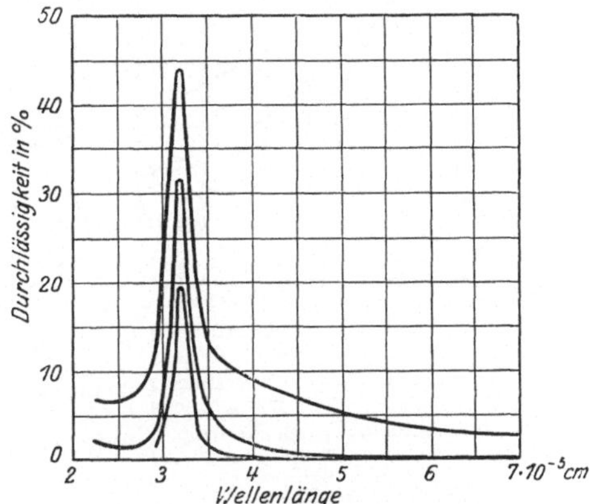

Abb. 1. Durchlässigkeit von Silber in verschiedenen Schichtdicken in Abhängigkeit von der Wellenlänge nach Messungen von HAGEN und RUBENS 1902.
Obere Kurve für Schichtdicke 4,86 · 10^{-6} cm,
mittlere „ „ „ 7,9 · 10^{-6} cm,
untere „ „ „ 1,004 · 10^{-5} cm.

Die Schichtdicke, die für Wellenlängen größer als 5,5 · 10^{-5} cm bereits die Durchlässigkeit 0 ergibt, ist 7,9 · 10^{-6} cm. Im Gebiet erhöhter Durchlässigkeit bei $\lambda = 3,2 \cdot 10^{-5}$ cm ist bei

---

[1]) Messungen über Politurunterschiede sind z. B. von PFESTORF, Ann. d. Phys. Bd. 81, S. 906. 1926 ausgeführt. Auch die neuesten Messungen von W. W. COBLENTZ u. R. STAIR, Journ. of Res. Bur. of Stand. Bd. 2, S. 343. 1929 zeigen, wie sich die Ergebnisse durch Oberflächenverschiedenheiten ändern. Dort, wie auch in der Arbeit von HENRY MARGENAU, Phys. Rev. Bd. 33, S. 1035. 1929 (Abst. 28) sind die Unterschiede, die bei verschieden hergestellten Oberflächen entstehen, aufgeführt (siehe auch Abb. 23). Die letztere Arbeit versucht einen Nachweis der Änderung des Emissionsvermögens durch auftretende Spannungen, die durch die mechanische Bearbeitung entstehen, zu bringen. Längeres Lagern der polierten Metalle ruft gleichfalls Oberflächenänderungen hervor. Siehe z. B. E. HAGEN u. H. RUBENS, Ann. d. Phys. Bd. 8, S. 1. 1902.

[2]) E. HAGEN u. H. RUBENS, Ann. d. Phys. Bd. 8, S. 432. 1902. Vgl. auch die Untersuchungen von A. PARTZSCH u. W. HALLWACHS über Reflexionsvermögen dünner Pt-Schichten. Ebenda Bd. 41, S. 247. 1913.

dieser Schichtdicke die Durchlässigkeit noch ca. 32%. Für das sichtbare Gebiet sind als weitere Beispiele mit verschiedener Durchlässigkeit durchsichtige farbige Kristalle, deren Färbung bereits die Selektivität der Absorption anzeigt, vorhanden. Henning und Heuse[1]) untersuchten die Durchsichtigkeit des Rubins (Aluminiumoxyd mit ca. 2% Chromoxyd); in Abb. 2 sind die Durchlässigkeiten in Abhängigkeit von der Schichtdicke für die Wellenlängen 5,25, 5,77 und $6{,}45 \cdot 10^{-5}$ cm für $T = 300°$ und $1373°$ abs. wiedergegeben. Man sieht, daß hier eine 1 cm dicke Schicht im Rot bei 300° abs. nur 47% absorbiert.

Dringt Strahlung aus tieferen Schichten der Oberfläche, wie bei den durchsichtigen Körpern, so beeinflußt bei kristallinen Körpern die Kristallgröße merklich die Intensität und Beschaffenheit der thermischen Strahlung. Die Strahlung von fehlerlosen, durchsichtigen Einkristallen ist deshalb anders als diejenige von Preßkörpern aus feinkörnigem Pulver desselben Materials.

Das Reflexionsvermögen der meisten durchsichtigen Substanzen ist klein im Vergleich zu metallischer Reflexion; bei Körpern, die aus kleinkörnigem Material hergestellt sind, steigt dagegen das Reflexionsvermögen stark an; das Licht wird an

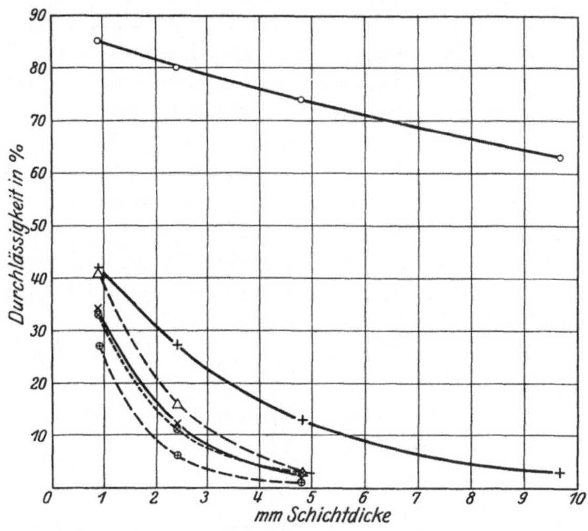

Abb. 2. Durchlässigkeit (in % der einfallenden Strahlung) von Rubin in verschiedenen Schichtdicken bei Zimmertemperatur und bei 1373° abs. in Abhängigkeit von der Schichtdicke nach Henning und Heuse 1923.

all den einzelnen Begrenzungsflächen reflektiert. Zugleich verschwindet auch die selektive Reflexion teilweise, die von den Strahlen bis zur Reflexion durchsetzte Schichtdicke ist viel geringer, deshalb kann durch selektive Absorption nicht ein Teil stark geschwächt werden. In Form von feinkörnigem Pulver sehen farbige durchsichtige Kristalle weiß aus.

Bei körniger Substanz wird jede Absorptionslinie gegenüber dem Einkristall verbreitert sein, da die hohe Absorption im Bandenmaximum dabei nicht in dem Maße wie die geringere an den Kanten der Absorption erhöht wird.

Die Emissionskurve kann sich schon bei geringer Zahl von Teilflächen (zersprungener Kristall) stark ändern, wie Skaupy[2]) und Schmidt-Reps[3]) z. B. für das ultrarote Gebiet an Aluminiumoxyd zeigten. Abb. 3 gibt die gemessenen Strahlungsintensitäten wieder. Die Messungen sind an einem durchsichtigen Einkristall (Saphir), wie an einem mit wenigen und einem mit zahlreichen Sprüngen versehenen Einkristall ausgeführt. Die Erhitzung erfolgte in einem Sauerstoff-Leuchtgasgebläse. An dem undurchsichtigen Aluminiumoxyd (Abb. 4) wurde die Temperatur zu 2073° abs. bestimmt (Temperaturmeßmethode vgl.

[1]) F. Henning u. W. Heuse, ZS. f. Phys. Bd. 20, S. 132. 1923.
[2]) F. Skaupy, Phys. ZS. Bd. 28, S. 842. 1927.
[3]) H. Schmidt-Reps, Dissert. Berlin 1924. ZS. f. techn. Phys. Bd. 6, S. 322. 1925.

Ziff. 4), die Temperaturen der anderen Stücke wurden nicht gemessen, sie können, da die Erhitzung auf gleiche Art erfolgte, und da die Abstrahlung im ganzen ge-

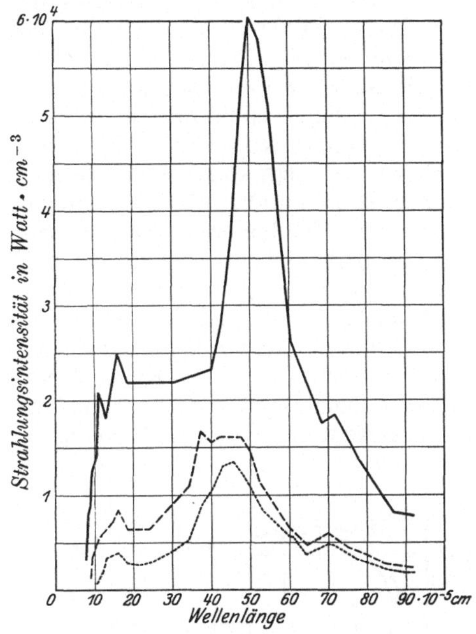

Abb. 3. Intensität der Strahlung im Wellenlängengebiet von 8 bis 92 · 10⁻⁵ cm von Saphirkristallen bei Erhitzung in einem Leuchtgas-Sauerstoff-Gebläse nach Messungen von Skaupy 1927 und Schmidt-Reps 1924/25.

---------- Durchsichtiger Saphir.

— — — — Saphir, der durch Sprungrisse getrübt ist.

——————— Saphir durch zahlreiche Sprungrisse getrübt.

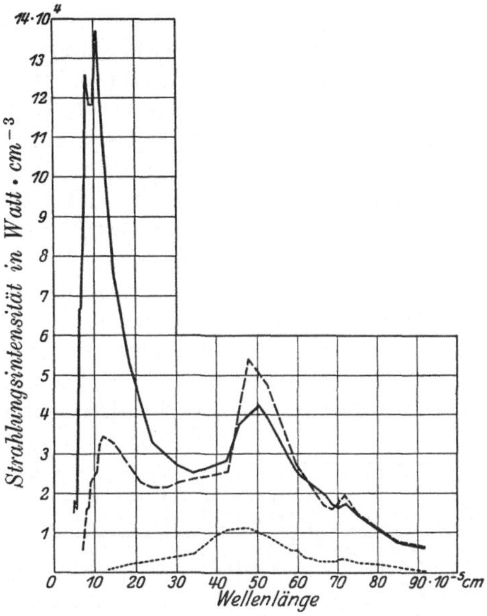

Abb. 4. Intensität der Strahlung im Wellenlängengebiet von 5 bis 92 · 10⁻⁵ cm von undurchsichtigem Aluminiumoxyd — — — — (Temperatur 2073° abs.), undurchsichtigem Aluminiumoxyd mit 2% Chromoxyd ——————— (Temperatur 2073° abs.), durchsichtigem Rubin ---------- bei gleicher Erhitzung (Leuchtgas-Sauerstoff-Gebläse) nach Messungen von Skaupy 1927 und Schmidt-Reps 1924/25.

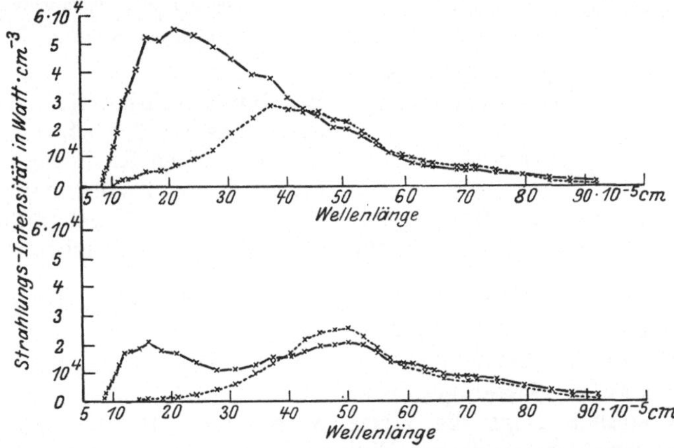

Abb. 5. Strahlungsintensität im Ultrarot von einem Preßkörper aus Titanoxyd (×——×——×) und einem durchsichtigen Anataskristall (×— —×.— —×) mit kleinen Sprüngen (oberer Teil d. Abb.);
von einem Preßkörper aus Kieselsäure (×—×—×) und einem durchsichtigen Quarzglas (× — —× — —×) (unterer Teil d. Abb.) bei Erhitzung in einem Leuchtgas-Sauerstoff-Gebläse nach Untersuchungen von Skaupy 1927 und Schmidt-Reps 1924/25.

ringer war, evtl. höher gewesen sein. Abb. 4 u. 5 geben zu weiterem Vergleich Strahlungsmessungen an durchsichtigen Kristallen und Preßkörpern aus Pulvern des gleichen Stoffes. Bei den undurchsichtigen Preßkörpern aus Aluminiumoxyd, Aluminiumoxyd mit 2% Chromoxydzusatz, Titanoxyd und Kieselsäure tritt in dem Wellenlängengebiete von etwa $15 \cdot 10^{-5}$ cm ein mehr oder minder ausgeprägtes Strahlungsmaximum auf. Dies Maximum liegt also in demselben Gebiete, in dem bei dieser Temperatur das Maximum der Strahlung des schwarzen Körpers liegt. Bei durchsichtigen Körpern wie Saphir, Rubin, Anatas und Quarzglas, sind hier keine ausgeprägten Maxima vorhanden; jedoch tritt das Maximum, wie die Untersuchungen an Kristallen, Saphir und Rubin, mit Sprungrissen zeigen, bereits beim Vorhandensein einiger Risse auf (z. B. Abb. 3, Saphir). Hat man nicht optisch isotrope Körper vor sich, so muß sich je nach der kristallographischen Lage der Fläche das Reflexions- und Emissionsvermögen für schiefe Inzidenz ändern. Die Abhängigkeit des Reflexionsvermögens vom Winkel ist für Kristalle in der Kristalloptik von Szivessy, ds. Handb. Bd. XX, behandelt worden. Während es bei den Messungen an ausgeprägten Kristallen üblich ist, die Kristallflächen anzugeben, fehlt bei den Kristallaggregaten, wie sie in den Metallen oder in den Preßkörpern von Oxyden usw. vorliegen, meist jegliche Angabe nicht nur über die Oberfläche, sondern auch über Kristall- oder Korngröße. Vor allem bei Untersuchungen bei hohen Temperaturen kann eine Rekristallisation sehr leicht die Oberfläche verändern und zur Verschiebung der

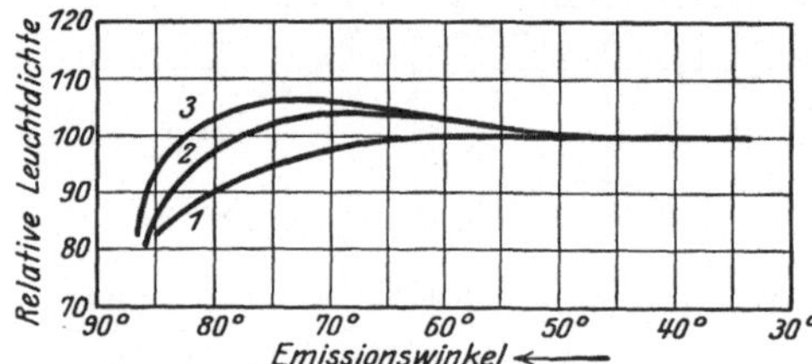

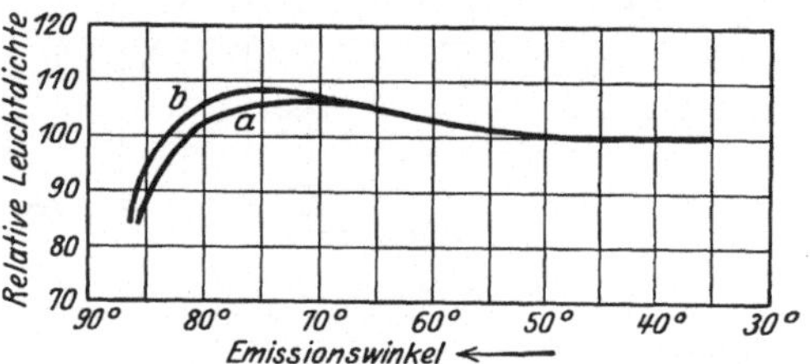

Abb. 6. Relative Werte der Leuchtdichte der Strahlung für $\lambda = 6{,}52 \cdot 10^{-5}$ cm von Wolframbändern verschiedenen Bearbeitungsgrades in Abhängigkeit vom Emissionswinkel (Winkel zwischen Flächennormale und Emissionsrichtung, Leuchtdichte in Richtung der Flächennormale ist gleich 100 gesetzt).

Kurve 1: Das Band ist nicht rekristallisiert (Walzstruktur).

Kurve 2: Das Band hat zu rekristallisieren begonnen. Die Oberfläche ist glatt.

Kurve 3: Hochglänzende Oberfläche nach langem Glühen bei 2400° abs. Das Band ist zum Einkristall geworden.
(Nach Messungen von Zwikker 1927.)

Abb. 7. Relative Werte der Leuchtdichte von einem Einkristall-Wolframband in Abhängigkeit vom Emissionswinkel (Leuchtdichte in Richtung der Flächennormale ist gleich 100 gesetzt).
Kurve a für 3 Hauptrichtungen,
   „ b für die 4. Hauptrichtung.
(Nach Messungen von Zwikker 1927.)

Ergebnisse führen. Es sei als Beispiel eine Messung der Abweichungen vom Lambertschen Kosinusgesetz an Wolframband von Zwikker[1]) angeführt.

Abb. 6 zeigt die Ergebnisse bei verschiedener Glühbehandlung. Es ist das Verhältnis der Leuchtdichte unter verschiedenen Beobachtungswinkeln zu der in senkrechter Richtung angegeben.

Kurve 1 zeigt die Werte, die an noch nicht rekristallisiertem Bande, das noch Walzstruktur hatte, gemessen wurden.

Kurve 2 zeigt die Werte nach längerem Glühen bei 2300° abs.; die Oberfläche des Bandes ist glatter geworden.

Kurve 3 endlich zeigt die Werte nach einem 40stündigen Glühen bei 2400° abs., bei dem das Band zum Einkristall und die Oberfläche hochglänzend geworden ist. Die Ergebnisse werden in Ziff. 13 noch weiter besprochen.

Derselben Arbeit ist auch Abb. 7 entnommen, in der das Ergebnis der Untersuchung des Einflusses der Walzstruktur dargestellt ist. Kurve b zeigt den für 3 der 4 Hauptrichtungen gleichen Befund, Kurve a den in der 4. Richtung

---

[1]) C. Zwikker, Proc. Amsterdam Bd. 30, S. 853. 1927.

gefundenen kleineren Effekt. ZWIKKER führt dies auf Unterschiede der kristallographischen Lage der Kristalle in den 4 Richtungen zurück.

3. Einfluß der Flammenerhitzung. Wird für die Untersuchung der thermischen Strahlung bei höheren Temperaturen ein Körper mittels einer Flamme erhitzt, so ist die zu fordernde chemische Indifferenz nicht immer vorhanden. Es kann dann die Beschaffenheit der Oberfläche von der Art der zur Flammenerzeugung benutzten Gase abhängig sein, und es können Lumineszenzerscheinungen auftreten. Die Strahlung kann sich also mit den Flammengasen ändern. Es ist dann auch auf die räumliche Stellung in der Flamme zu achten, da die Zusammensetzung der Flammengase in den einzelnen Zonen verschieden ist. Da mit den Flammen nur die Oberflächen erhitzt werden, ist die Temperaturverteilung im Körper nicht so gleichmäßig, und der Temperaturgradient zum Körperinnern hat ein anderes Vorzeichen als bei Erhitzung mittels elektrischer Energie. Ein Einfluß von Gasen, die nicht mit dem Körper reagieren, auf die Strahlung, hat sich nicht nachweisen lassen[1]).

4. Feststellung der wahren Temperatur der Oberfläche. Bei Körpern mit guter Wärmeleitfähigkeit ist die Temperaturbestimmung leicht durchzuführen; bei ihnen weisen die Temperaturen der strahlenden Oberfläche und des Körperinnern nur geringe Unterschiede auf, so daß aus der Temperatur des Inneren des Körpers auf die der Oberfläche geschlossen werden kann (z. B. bei Metallen). Bei Körpern, die die Wärme schlecht leiten, ist dagegen die Bestimmung der wahren Temperatur der Oberfläche außerordentlich schwierig und in vielen Fällen, vor allem bei den mit Flammen erhitzten Körpern, kann die Genauigkeit der Bestimmung nicht sehr hoch bewertet werden.

Es seien die verwendeten Temperaturmeßmethoden kurz aufgeführt[2]).

a) **Verwendung von Thermoelementen.** Bei niedrigen Temperaturen, bei denen die strahlende Fläche durch ein Flüssigkeitsbad erhitzt werden kann, ist die Bestimmung der wahren Temperatur mit einem Thermoelement leicht möglich. Die Grenze dieser Erhitzungsart ist etwa 750° abs. Darüber hinaus kann man thermoelektrische Messungen zur Temperaturbestimmung noch in Spezialfällen verwenden. Die Methode, die PASCHEN[3]) bei seinen Messungen an Platin anwandte, das Andrücken eines Thermoelements an die strahlende Fläche, wurde von LUMMER und KURLBAUM[4]) verbessert. Sie formten aus dem dünnen Metallblech einen kleinen Kasten und führten in den so gebildeten Hohlraum ein dünndrähtiges Thermoelement ein. In dem Hohlraum kann die Strahlung als schwarz angenommen werden. Das Thermoelement gibt also die wahre Temperatur des Strahlers an. Nach dieser Methode arbeitete z. B. BENEDICT[5]) bei der Untersuchung des Emissionsvermögens von Platin.

Das Andrücken von Thermoelementen verschiedener Dicke an Glühstrumpfgewebe benutzten IVES, KINGSBURRY und KARRER[6]) zur Bestimmung der wahren Temperatur der Glühstrümpfe in der Flamme. Aus den Temperaturangaben der verschieden dicken Elemente wurde die wahre Temperatur extrapoliert.

---

[1]) GERLACH und seine Schüler untersuchten den Einfluß von Gasabsorption in losen Haufwerken, wie z. B. Platinmoor. Ein Einfluß auf die Strahlung war nur während der Entgasung oder der Gasaufnahme zu bemerken und wurde auf Temperaturänderungen zurückgeführt.

[2]) Eine kritische Darstellung z. B. in F. HENNING: „Die Strahlung der Metalle", Jahrb. f. Radioakt. u. Elektr. Bd. 17, S. 30. 1920 und ds. Handb., Bd. IX, „Temperaturmessung".

[3]) F. PASCHEN, Wied. Ann. Bd. 60, S. 722. 1897.

[4]) O. LUMMER u. F. KURLBAUM, Verh. d. D. Phys. Ges. Bd. 17, S. 106. 1898.

[5]) E. BENEDICT, Ann. d. Phys. Bd. 47, S. 641. 1915.

[6]) H. E. IVES, E. J. KINGSBURRY u. K. KARRER, Journ. Frankl. Inst. Bd. 186, S. 401, 624. 1918.

Dickdrähtige Elemente ergaben bei diesen Messungen infolge starker Wärmeableitung bis zu 150° zu niedrige Werte.

Weniger günstig sind Anordnungen, wie sie von Waidner und Burgess[1]) benutzt wurden, die das Metallband auf ein Porzellan- oder Quarzrohr wickelten und die Temperatur im Innern des Rohres mit einem Thermoelement maßen. Hierbei kann sehr gut infolge der schlechten Wärmeleitfähigkeit der Rohre eine Differenz zwischen Innen- und Außentemperatur vorhanden sein. Bei Bestimmung der wahren Temperatur von flüssigem Metall benutzte Burgess[2]) ein isoliertes Thermoelement, das in das geschmolzene Metall getaucht wurde.

Bei seinen Untersuchungen über die Strahlung des Erbiumoxydes versuchte Mallory[3]) die wahre Temperatur durch Einbetten eines Thermoelementes in die Substanz zu messen. Da Oberflächenheizung angewandt wurde und das Wärmeleitvermögen von Erbiumoxyd schlecht ist, ferner Wärmeleitverluste in den Schenkeln des Thermoelementes auftreten, sind diese Bestimmungen nicht sehr zuverlässig.

Mit feinen Thermoelementen, die er an Drähte aus den Metallen, die er untersuchen wollte, anschweißte, stellte Pirani[4]) die Temperaturabhängigkeit des elektrischen Widerstandes der Metalle fest und benutzte dann die Widerstandsmessungen zur Bestimmung der wahren Temperatur bei den Untersuchungen der Strahlungseigenschaften.

b) Verwendung optischer Pyrometrie. Bestimmt man durch Leuchtdichtenvergleich die Temperatur, so kann man die wahre Temperatur aus der Leuchtdichte, die ein aus dem Strahler gebildeter Hohlraum zeigt, bestimmen. Eine Anordnung dieser Art benutzte Pirani[4]) 1910 zur Bestimmung von Emissionsvermögen. Er verdrillte Drähte und maß neben der Strahlung der äußeren Oberfläche die aus den Zwischenrillen kommende. Diese wurde als angenähert schwarz angesehen. Er wickelte ferner aus dem Metallband eine Wendel und maß die Strahlung im Innern und die der äußeren Oberfläche.

Von Mendenhall[5]) wurde ein kleines Dreieck aus dem Metallband geformt. Auch Pirani[6]) stellte 1912 kleine dreieckige Kästchen aus den Metallbändern (Wolfram) her.

Von den mancherlei Formen der Hohlraumherstellung sei noch das sowohl von Worthing[7]) als von Pirani[6]) benutzte Metall- resp. Kohlerohr erwähnt. In die Außenwand eines dünnwandigen Rohres wird ein feines Loch gebohrt, durch das die Strahlung des Innern beobachtet wird.

Bei Metallen, die auch in dünnen Schichten undurchsichtig sind, wird die sich im Innern derartiger Körperformen ausbildende Strahlung als angenähert schwarz angesprochen werden können. Anders jedoch verhält es sich mit röhrenförmigen Körpern aus mehr oder minder durchscheinenden Oxyden. Es kann dann durch Reflexion an der durchlässigen Wand keine schwarze Strahlung entstehen. Die Werte des Emissionsvermögens können deshalb evtl. stark von den auf andere Weise bestimmten abweichen. Forsythe[8]) bestimmte an einem röhrenförmigen dünnwandigen Körper das Emissionsvermögen des Thoroxydes und fand einen Wert von etwa 40%, während andere Messungsarten Emissionsvermögen von etwa 7 bis 15% ergeben haben.

[1]) C. W. Waidner u. G. K. Burgess, Bull. Bur. of Stand. Bd. 3, S. 163. 1907.
[2]) G. K. Burgess, Bull. Bur. of Stand. Bd. 1, S. 443. 1904/05.
[3]) W. S. Mallory, Phys. Rev. Bd. 14, S. 54. 1919.
[4]) M. Pirani, Verh. d. D. Phys. Ges. Bd. 12, S. 301. 1910.
[5]) C. E. Mendenhall, Astrophys. Journ. Bd. 33, S. 91. 1911.
[6]) M. Pirani, Phys. ZS. Bd. 13, S. 753. 1912.
[7]) A. G. Worthing, Phys. Rev. Bd. 10, S. 377. 1917.
[8]) W. E. Forsythe, Journ. Opt. Soc. Amer. Bd. 16, S. 307. 1928.

Anstatt Strahlungsvergleiche an verschieden strahlenden Teilen desselben Körpers vorzunehmen, kann man diese an nebeneinanderliegenden Flächen verschiedener Körper vornehmen. Die Abhängigkeit der Leuchtdichte des einen Körpers von der Temperatur muß dann als bekannt vorausgesetzt werden. SCHAUM und WÜSTENFELD[1]) benutzten 1910 eine solche Anordnung. Sie trugen auf die eine Hälfte des Platinstreifens dünne Schichten von Oxyden, auf die andere als Vergleichssubstanz Eisenoxyd auf. Diese Methode wurde jedoch nicht zur Temperaturbestimmung ausgebildet.

BURGESS und WALTENBERG[2]) maßen die Größe des Emissionsvermögens beim Schmelzen von Metallen, indem sie die Strahlung kleiner Proben mit der des Platins verglichen. Für die Platinstrahlung nahmen sie ein von der Temperatur unabhängiges Absorptionsvermögen von 0,33 für $\lambda = 6,5 \cdot 10^{-5}$ cm und von 0,38 für $\lambda = 5,5 \cdot 10^{-5}$ cm an.

NICHOLS und HOWES[3]) benutzten Uranoxyd zum Strahlungsvergleich bei der Untersuchung der Strahlung von Oxyden im sichtbaren Gebiet bei Erhitzung mit Flammen. Sie umgaben die Oxydpastille mit einem Ring von Uranoxyd oder tränkten einen Teil mit Uranchlorid, das beim Erhitzen Uranoxyd gab, und maßen die Temperatur am Uranoxyd. Sie nahmen an, daß die Strahlung des Uranoxydes vollständig schwarz sei, die dort gemessene schwarze Temperatur also der wahren Temperatur entspräche. Gegen diese Art der Temperaturermittlung sind Bedenken ausgesprochen worden. Einmal ist die Strahlung von Uranoxyd im sichtbaren Gebiet nicht vollkommen schwarz, und dann ist die Temperaturgleichheit für verschiedene Substanzen von verhältnismäßig geringem Wärmeleitvermögen nicht gewährleistet, wenn die Abstrahlung der einzelnen Substanzen sehr verschieden ist. Wie stark die Strahlung differiert, zeigt folgendes Beispiel: Uranoxyd hat ein Gesamtemissionsvermögen von 0,89, die weißen Oxyde ein viel geringeres, z. B. Thoroxyd ca. 15%.

Bei durchsichtigen Körpern, Rubin und Saphir, wurde von HENNING und HEUSE[4]) die KURLBAUMsche Methode der Flammentemperaturmessung angewendet: Einregulierung einer bekannten Strahlung, bis für eine bestimmte Wellenlänge die durch den glühenden Körper hindurch gemessene Intensität des bekannten Strahlers gleich der ohne Absorption durch den Körper ist.

c) Ermittlung des Zusammenhangs zwischen wahrer und schwarzer Temperatur durch Messung des Reflexionsvermögens. LANGMUIR[5]) bestimmte das Reflexionsvermögen von Wolfram beim Schmelzpunkt an einem Wolframlichtbogen durch Beobachtung der Helligkeit der Bilder, die durch mehrfache gegenseitige Spiegelung der beiden Elektroden entstanden. Die auf den angeschmolzenen konvexen Enden entstehenden Bilder sind um so kleiner, je größer die Zahl der Reflexionen ist. Durch Vergleich der Helligkeit von 2 Bildern verschiedener Größe bestimmte er das Reflexionsvermögen von Wolfram beim Schmelzpunkt für $\lambda = 6,67 \cdot 10^{-5}$ cm zu 0,575. Er stellte fest, daß die starren Teile heller als die geschmolzenen waren, was sich wohl ohne weiteres aus der Oberflächenglättung beim Schmelzen erklären läßt[6]).

---

[1]) K. SCHAUM u. H. WÜSTENFELD, ZS. f. wiss. Photogr. Bd. 10, S. 304. 1911/12.

[2]) K. G. BURGESS u. R. G. WALTENBERG, Phys. Rev. Bd. 4 (2), S. 546. 1914.

[3]) E. L. NICHOLS u. H. L. HOWES, Phys. Rev. Bd. 19, S. 300. 1922; Journ. Opt. Soc. Amer. Bd. 6, S. 42, 1922; Sciences (N. S.) Bd. 55, S. 33. 1922, Nr. 1411; E. L. NICHOLS, Phys. Rev. Bd. 22, S. 420. 1923; Phys. Rev. Bd. 25, S. 376. 1925; Proc. Nat. Acad. Sciences Amer. Bd. 11, S. 47. 1925.

[4]) F. HENNING u. W. HEUSE, l. c. S. 192.

[5]) J. LANGMUIR, Phys. Rev. Bd. 6, S. 138. 1915.

[6]) Vgl. z. B. die bei der Schmelzpunktbestimmung von Wolfram von M. PIRANI u. H. ALTERTHUM in ZS. f. Elektrochem. Bd. 29, S, 5. 1923 beobachtete Erscheinung.

Reflexionsmessungen an plan geschliffenen Drähten sind von Weniger und Pfund[1]) zur Bestimmung der Temperaturabhängigkeit des Reflexionsvermögens von Wolfram benutzt worden.

Für diffus strahlende Körper, Preßkörper aus Cr_2O_3 und Al_2O_3, ermittelten Pirani und Conrad[2]) das Emissionsvermögen aus Reflexionsmessungen bei verschiedenen Temperaturen. Es wurde die Anode einer Wolframbogenlampe auf den Körpern abgebildet und die Leuchtdichte im Rot und Grün bestimmt. Sie benutzten als Vergleichssubstanz Magnesiumoxyd, für das nach Henning und Heuse[3]) das diffuse Reflexionsvermögen zu 0,95 angesetzt wurde. Voraussetzung bei der Anwendung dieser Methode ist, daß auf den rauhen Oberflächen die Winkelabhängigkeit des Reflexionsvermögens immer dieselbe ist. Es wurde mit senkrecht auffallendem Licht gemessen; zur Kontrolle wurde die Indicatrix bestimmt und auf diffus streuende Körper umgerechnet bzw. unter dem Winkel von 45° gemessen, für welchen sich der räumliche Mittelwert ergab.

Diese „Reflexions"methode wandte auch H. Schmidt-Reps[4]) bei der Bestimmung des Emissionsvermögens zur Ermittlung der wahren Temperatur für die von ihm im Ultrarot untersuchten Oxyde an.

o) Bestimmung der Temperatur durch Widerstandsänderung. Hagen und Rubens[5]) bestimmten beim Untersuchen der Platinstrahlung die wahre Temperatur aus der Widerstandsänderung des Platin, die sie als bekannt voraussetzten.

Schon erwähnt ist die Arbeit von Pirani[6]), in der er ebenfalls die Widerstandsänderung als Temperaturmaß benutzte.

Da der Widerstand sich nicht sehr stark mit der Temperatur ändert, müssen zu seiner Messung sehr genaue Methoden angewandt werden; es darf nur der Widerstand eines vollkommen gleichtemperierten Stückes gemessen werden.

c) Messung der Temperatur durch Beobachtung von Schmelzpunkten. Das Emissionsvermögen wurde für einige Metalle bei ihrem Schmelzpunkt, dessen Temperatur bekannt war, von Waidner und Burgess[7]) bestimmt. Um über größere Temperaturbereiche durch Schmelzpunktbeobachtung die wahre Temperatur zu bestimmen, kann man auf die zu untersuchenden Körper kleine Proben anderer Materialien, deren Schmelzpunkte bekannt und verschieden hoch sind, aufbringen und Strahlungsmessungen im Augenblick des Schmelzens vornehmen. Pirani[6]) benutzte z. B. dünne Drähte verschiedener Metalle, die er durch verdrillte Metalldrähte hindurchsteckte bzw. in feine Kerben dickerer Metalldrähte einlegte.

Beobachtungen des Schmelzpunktes dünner Drähte sind auch von Wiegand[8]) zur Temperaturbestimmung bei der Messung der Gesamtstrahlung des Nernst-Stiftes und des Uranoxydes verwandt worden.

5. Charakterisierung der thermischen Strahlung. Um die Temperaturstrahlung eines Körpers anzugeben, benutzt man die Werte der Hohlraumstrahlung als Maßzahlen. Man gibt das Verhältnis der Strahlung des Körpers zu der Strahlung des schwarzen Körpers gleicher wahrer Temperatur, das sog.

---

[1]) W. Weniger u. A. H. Pfund, Phys. Rev. Bd. 14, S. 427. 1919.
[2]) M. Pirani, ZS. f. techn. Phys. Bd. 5, S. 266. 1924; K. Conrad, Licht u. Lampe 1924, S. 455.
[3]) F. Henning u. W. Heuse, ZS. f. Phys. Bd. 10, S. 111. 1922.
[4]) H. Schmidt-Reps, l. c. S. 192.
[5]) E. Hagens u. H. Rubens, Ann. d. Phys. Bd. 11, S. 873. 1903.
[6]) M. Pirani, l. c. S. 196, Anm. 4.
[7]) C. W. Waidner u. G. K. Burgess, l. c. S. 196. G. K. Burgess, Bull. Bur. of Stand. Bd. 6, S. 190. 1909.
[8]) E. Wiegand, ZS. f. Phys. Bd. 30, S. 40. 1924.

Emissionsvermögen oder Emissionsverhältnis, an. Man bildet sowohl den Verhältniswert für die Gesamtstrahlung als auch den für die Strahlung in engen Spektralbereichen, bestimmt also das Gesamtemissionsvermögen e_g oder ein spektrales Emissionsvermögen e_λ.

Wesentlich bei der zahlenmäßigen Festlegung ist die Abhängigkeit des Emissionsvermögens von dem Emissionswinkel (Winkel zwischen Flächennormale und Meßrichtung). Bei der Hohlraumstrahlung ist das sog. LAMBERTsche Kosinusgesetz erfüllt, d. h. die Intensität der Strahlung der scheinbaren Flächeneinheit (Projektion der Fläche auf die zur Blickrichtung senkrechte Ebene), also die Leuchtdichte, bleibt in allen Richtungen gleich. Bei wirklichen Oberflächen ändert sich jedoch die Intensität (vgl. Ziff. 13). Das spektrale Reflexionsvermögen wird stets für senkrechte Inzidenz angegeben. Alle Emissionsvermögen, die aus den Reflexionsvermögen berechnet sind, beziehen sich also auf Strahlung senkrecht zur emittierenden Fläche. Auch die Messungen spektraler Emissionsvermögen werden meist nur in einer Richtung vorgenommen und beziehen sich dann auf senkrechte Strahlung, wenn ebene Flächen untersucht werden, nicht dagegen, wenn Körper mit gekrümmten Oberflächen, wie z. B. Drähte, vorliegen. Schlüsse auf die spektrale Integralstrahlung der Fläche sind entweder aus weitläufigen Messungen in vielen Richtungen zu ziehen oder man kann sie aus Messungen mit einem integrierenden Apparat, wie ihn z. B. die ULBRICHTsche Kugel für den Lichtstrom abgibt, gewinnen.

Das Gesamtemissionsvermögen wird dagegen häufig aus der integralen Strahlung bestimmt, z. B. in all den Fällen, in denen bei elektrisch erhitzten Körpern aus der aufgenommenen Leistung die Abstrahlung bestimmt wird. Die Werte dieses integralen Gesamtemissionsvermögens unterscheiden sich von dem Gesamtemissionsvermögen in senkrechter Richtung, das durch Strahlungsempfänger, die nur kleine Öffnungswinkel haben, gemessen wird, sobald Abweichungen vom LAMBERTschen Gesetz vorhanden sind.

Die Abhängigkeit des Emissionsvermögens von der Temperatur variiert von Körper zu Körper und ist für jeden einzelnen in den einzelnen Wellenlängenbereichen verschieden. Das Gesamtemissionsvermögen muß sich selbst bei einem mit der Temperatur nicht veränderlichen spektralen Emissionsvermögen mit der Temperatur ändern, so lange die einzelnen spektralen Emissionsvermögen voneinander abweichen. Nur bei „grau" strahlenden Körpern bleibt es bei konstantem spektralen Emissionsvermögen auch erhalten.

B. Gesetze der Hohlraumstrahlung.

6. STEFAN-BOLTZMANNsches Gesetz. Es seien die Gesetzmäßigkeiten der Hohlraumstrahlung kurz angegeben.

Die Abhängigkeit der Gesamtstrahlung des schwarzen Körpers von der Temperatur ist durch das STEFAN-BOLTZMANNsche Gesetz gegeben, das aussagt, daß die Größe der Gesamtstrahlung mit der vierten Potenz der Temperatur (gerechnet in absoluter Zählung) ansteigt. Hat die Energie, die ein Oberflächenelement df des schwarzen Körpers in der Zeit dt in den Raumwinkel $d\omega$ senkrecht zur Fläche ausstrahlt, die Größe $S \cdot d\omega \cdot df \cdot dt$, dann ist $S = \frac{\sigma}{\pi} T^4$ (der Zahlenwert von σ ist $5{,}73 \cdot 10^{-12}$ Watt $\cdot$ cm$^{-2} \cdot$ Grad^{-4}). Die Gesamtstrahlung der Flächeneinheit in den Halbraum in der Zeiteinheit ist entsprechend (s. Ziff. 9). $S = \sigma \cdot T^4$. Einen Überblick über die Temperaturabhängigkeit der Gesamtstrahlung gibt die folgende Skala (Abb. 8).

7. Das Wien-Plancksche Strahlungsgesetz. Die Abhängigkeit der spektralen Strahlung von der Temperatur ist durch das Wien-Plancksche Gesetz gegeben. Dieses besagt: Ist die Strahlungsenergie eines geradlinig polarisierten Strahlenbüschels, die in dem Wellenlängengebiet zwischen λ und $\lambda + d\lambda$ von

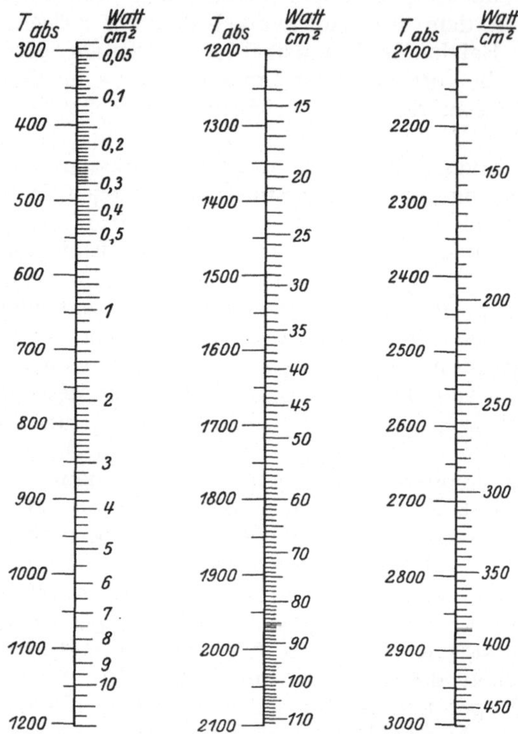

Abb. 8. Gesamtstrahlung des schwarzen Körpers in Abhängigkeit von der Temperatur nach dem Stephan-Boltzmannschen Gesetz.

$$S = \sigma T^4 \qquad \left(\sigma = 5{,}73 \cdot 10^{-12} \frac{\text{Watt}}{\text{cm}^2\,\text{Grad}^4}\right).$$

dem Oberflächenelement df des auf der Temperatur T befindlichen schwarzen Körpers senkrecht zur Oberfläche in den Raumwinkel $d\omega$ in der Zeit dt ausgestrahlt wird, $E_{\lambda T} \cdot d\lambda \cdot d\omega \cdot df \cdot dt$, so hat $E_{\lambda T}$ den Wert

$$(E_{\lambda T})_p = \frac{c_1}{\lambda^5} \frac{1}{e^{\frac{c_2}{\lambda T}} - 1}.$$

Für die unpolarisierte Strahlung ist

$$E_{\lambda T} = 2 \frac{c_1}{\lambda^5} \frac{1}{e^{\frac{c_2}{\lambda T}} - 1}.$$

Die Werte der Konstanten sind nach den neuesten Bestimmungen

$$c_1 = 5{,}88 \cdot 10^{-13} \text{ Watt cm}^2,$$

$$c_2 = 1{,}432 \text{ cm Grad}.$$

8. Überblick über die Verteilung der Strahlung des schwarzen Körpers auf einzelne Wellenlängenbereiche. Der Anteil der Strahlung des schwarzen

Körpers der auf einen bestimmten Wellenlängenbereich entfällt; läßt sich aus Abb. 9 u. 10 schnell feststellen. In diesen Abbildungen ist nach den Berech-

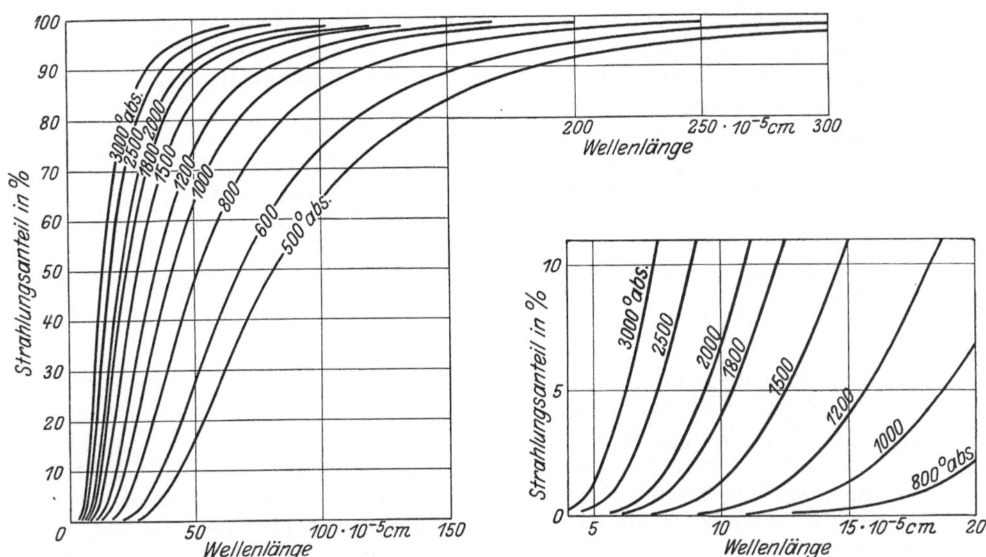

Abb. 9. Teil der Strahlung in Prozenten, der in den Bereich 0 bis λ fällt, in Abhängigkeit von der Wellenlänge λ für die Strahlung des schwarzen Körpers bei verschiedenen Temperaturen. Ber. Beisp.: bei 1000° abs. liegt 27,5% der Strahlung im Gebiete 0 bis $3 \cdot 10^{-4}$ cm, 72,5% im Gebiete größerer Wellenlängen.

Abb. 10. Vergrößerter Ausschnitt aus Abb. 9.

nungen von HOLLADAY[1]) der Strahlungsanteil, der im Wellenlängenbereich von 0 bis λ liegt, über der Wellenlänge λ eingetragen. Durch Differenzbildung kann man aus den Kurven den Strahlungsanteil für jedes Wellenlängenintervall entnehmen.

9. Die Strahlung im Raum. Um aus der Strahlung senkrecht zur Fläche die Strahlung nach allen Richtungen zu ermitteln, muß über den mit Strahlen bestrichenen Raum, bei einer einseitig strahlenden Fläche eine Halbkugel, integriert werden. Das Flächenelement df strahlt unter einem Emissionswinkel φ (Winkel zwischen Flächennormale und Strahlungsrichtung) eine Energie aus, die proportional der Projektion des Flächenelementes auf die Strahlungsrichtung ist, also proportional $df \cos\varphi$. Wird mit ϑ der Winkel zwischen einer festen durch die Normale gelegten Ebene und der Strahlrichtung bezeichnet (Längengrad, wenn φ Breitengrad ist), dann ist das Raumwinkelelement $d\omega$, das durch φ und $\varphi + d\varphi$ und durch ϑ und $\vartheta + d\vartheta$ begrenzt ist:

$$d\omega = \sin\varphi \, d\varphi \, d\vartheta.$$

Die in diesem Winkel vom Flächenelement df in der Zeit dt ausgesandte Energie ist

$$E_{\varphi,\vartheta} \cdot \cos\varphi \, df \, dt \sin\varphi \, d\varphi \, d\vartheta.$$

Mithin die in die Halbkugel gestrahlte Energie $\left(\varphi \text{ von } 0 \text{ bis } \frac{\pi}{2}, \ \vartheta \text{ von } 0 \text{ bis } 2\pi\right)$

$$df \, dt \int\limits_{0}^{2\pi} \int\limits_{0}^{\frac{\pi}{2}} E_{\varphi,\vartheta} \sin\varphi \cos\varphi \, d\vartheta \, d\varphi.$$

---
[1]) L. L. HOLLADAY, Journ. Opt. Soc. Bd. 17, S. 329. 1928.

Ist $E_{\varphi,\vartheta}$ von φ und ϑ unabhängig, so ergibt sich für die räumliche Strahlung einer einseitig strahlenden Fläche ein πmal so großer Wert wie der für die Strahlung in die Raumwinkeleinheit.

Da beim schwarzen Körper die Strahlungsdichte unabhängig von der Richtung ist, so ist für eine ebene Fläche von der Größe 1 die in einer beliebigen Richtung φ ausgestrahlte Energie proportional $\cos\varphi$. Diese Gesetzmäßigkeit pflegt man das Lambertsche Kosinusgesetz zu nennen.

10. Das Wiensche Verschiebungsgesetz. Die Wellenlänge, bei der das Maximum der Strahlung liegt, ändert sich mit der Temperatur. Durch das Wiensche Verschiebungsgesetz ist die Abhängigkeit gegeben zu:

$$\lambda_m \cdot T = \text{konstant} = 0{,}288 \text{ cm Grad.}$$

Für die Temperaturabhängigkeit des Strahlungsmaximums ergibt sich (bei Rechnung in Watt und cm):

$$E_m = 4{,}16 \cdot 10^{-12}\, T.^5$$

11. Strahlungsbegrenzung für die Oberflächenstrahlung. Kirchhoffsches Gesetz. Die Gesetzmäßigkeiten der Strahlung von wirklichen Oberflächen zu erfassen, ist bisher infolge der Kompliziertheit der Verhältnisse nicht möglich gewesen. Betrachtet man nur die reine thermische Strahlung, so ist für diese, wie aus dem zweiten Hauptsatz der Thermodynamik abgeleitet werden kann, die Begrenzung nach oben hin durch die Strahlung des schwarzen Körpers gegeben. Es kann also in keinem Wellenlängenbereich in irgendeiner Richtung die Strahlung des schwarzen Körpers überschritten werden. Diese Beschränkung ist in dem Kirchhoffschen Gesetz enthalten. Danach ist die Strahlung einer Oberfläche für einen Wellenlängenbereich zwischen λ und $\lambda + d\lambda$ gleich dem Absorptionsvermögen $A_{\lambda T}$ für diesen Bereich, multipliziert mit der Strahlung des schwarzen Körpers: $E_{\lambda T} = A_{\lambda T}(E_{\lambda T})_{\text{S.K.}}$. $A_{\lambda T}$ kann aber höchstens gleich 1 werden. Das Absorptionsvermögen $A_{\lambda T}$ ist also zahlenmäßig gleich dem Emissionsvermögen $e_{\lambda T}$.

12. Reflexion, Absorption und Durchlässigkeit. Bei Körpern, die für Strahlung undurchlässig sind, wird die nichtreflektierte Strahlung vollständig absorbiert; es ist dann die Summe aus dem Reflexionsvermögen R_λ und dem Absorptionsvermögen A_λ gleich eins ($R_\lambda + A_\lambda = 1$).

Ein großer Teil der nichtmetallischen Körper ist als Kristall oder im glasigen Zustande in einzelnen Gebieten für Strahlung auch in größeren Schichtdicken durchlässig. Die Durchlässigkeitsgebiete sind auf die kurzwellige Strahlung beschränkt; nur wenige Körper (z. B. Flußspat, Steinsalz, Sylvin) besitzen auch im langwelligen Gebiete größere Durchlässigkeit. In den Gebieten, in denen Durchlässigkeit vorhanden ist, kann das Absorptionsvermögen nur bei Kenntnis des Reflexionsvermögens und der Durchlässigkeit errechnet werden. Die Durchlässigkeit D ist von der Schichtdicke abhängig. Nach dem Beerschen Gesetze ist $D = (1 - R)^2 e^{-\alpha d}$, wenn die mehrfachen Reflexionen nicht berücksichtigt werden. Hierbei ist d die Schichtdicke, α der Absorptionskoeffizient. Bei Vernachlässigung der Reflexion an der hinteren Fläche berechnet sich das Absorptionsvermögen A zu $(1 - R) \cdot (1 - e^{-\alpha d})$.

13. Winkelabhängigkeit des Emissionsvermögens nach den Fresnelschen Formeln (ds. Handb. Bd. 20). v. Uljanin[1]) wies 1897 darauf hin, daß das Lambertsche Kosinusgesetz unvereinbar mit den Fresnelschen Reflexionsgesetzen sei. Er berechnete unter Benutzung der von Drude[2]) angegebenen

---

1) W. v. Uljanin, Ann. d. Phys. Bd. 62, S. 528. 1897.
2) P. Drude, Wied. Ann. Bd. 39, S. 481. 1890.

optischen Konstanten der Metalle für rotes Licht die Strahlung in Abhängigkeit vom Winkel für Glas, Platin, Silber, Kupfer. Tabelle 1 gibt die Ergebnisse für die Metalle. Außerdem ist das Emissionsvermögen für die Strahlung, deren elektrische Schwingungskomponente senkrecht bzw. parallel zur Emissionsebene liegt, angegeben.

Tabelle 1. Abhängigkeit des Emissionsvermögens vom Winkel nach den FRESNELschen Formeln. $\psi_{\parallel}$ Wert der Komponente mit Schwingungsrichtung des elektrischen Vektors parallel zur Emissionsebene, $\psi_{\perp}$ senkrecht dazu stehende Komponente. ψ Wert der Summe beider nach Division durch $\psi_{\perp} + \psi_{\parallel}$ für $\lessgtr 0°$. (n = Brechungsindex; $k = n \cdot \varkappa$ Absorptionskoeffizient.)

φ	Platin $\begin{cases} n = 2{,}16 \\ k = 4{,}45 \end{cases}$ berechnet			Ag $\begin{cases} n = 0{,}20 \\ k = 3{,}96 \end{cases}$ berechnet			Cu $\begin{cases} n = 0{,}58 \\ k = 3{,}04 \end{cases}$ berechnet		
	$\psi'_{\perp}$	$\psi_{\parallel}$	ψ	$\psi'_{\perp}$	$\psi_{\parallel}$	ψ	$\psi_{\perp}$	$\psi_{\parallel}$	ψ
0°	0,290	0,290	1,000	0,047	0,047	1,000	0,198	0,198	1,000
10	0,286	0,294	0,999	0,046	0,048	1,000	0,195	0,200	0,999
20	0,275	0,306	1,000	0,044	0,050	1,005	0,185	0,210	1,001
30	0,256	0,327	1,005	0,040	0,054	1,011	0,172	0,225	1,005
40	0,229	0,360	1,015	0,036	0,060	1,028	0,152	0,248	1,012
50	0,196	0,408	1,046	0,030	0,070	1,072	0,128	0,278	1,043
60	0,156	0,476	1,090	0,023	0,083	1,134	0,099	0,313	1,041
70	0,110	0,568	1,167	0,016	0,098	1,215	0,070	0,337	1,028
80	0,057	0,615	1,159	0,008	0,095	1,098	0,036	0,284	0,810

Für isotrope Kristalle nichtleitender Substanzen läßt sich für Schichtdicken, die genügend dick sind, so daß alle in den Kristall dringende Strahlung absorbiert wird, ebenfalls aus der Abhängigkeit des Reflexionsvermögens vom Winkel diejenige des Emissionsvermögens berechnen. Sie ist in Tabelle 2 in Abhängigkeit vom Brechungsindex angegeben.

Tabelle 2. Emissionsvermögen nichtleitender Stoffe in großer Schichtdicke ($e = 1 - R$) nach verschiedenen Richtungen in Abhängigkeit vom Brechungsexponenten.

φ	Emissionsverhältnis				
	$n = 1{,}0$	$n = 1{,}41$	$n = 1{,}5$	$n = 2$	$n = 3$
0°	1,000	0,970	0,960	0,889	0,750
10	1,000	0,970	0,960	0,889	0,750
20	1,000	9,970	0,960	0,889	0,750
30	1,000	0,969	0,958	0,888	0,749
40	1,000	0,966	0,954	0,881	0,746
50	1,000	0,955	0,942	0,869	0,742
60	1,000	0,926	0,911	0,839	0,728
70	1,000	0,848	0,829	0,764	0,691
80	1,000	0,630	0,612	0,572	0,567
90	1,000	0,000	0,000	0,000	0,000

Zum Vergleich zwischen gemessenen und berechneten Werten zieht v. ULJANIN die Messungen von DE LA PROVOSTAYE und DESSAIN[1]) an Glas, die mit den errechneten Resultaten übereinstimmen, und die von MÖLLER[2]) an Platin heran. Die Pt-Werte sind infolge der Meßanordnung, Verwendung einer Mattscheibe, ungenau. Die Messungen von VIOLLE[3]) an Silber stimmen mit den nach der FRESNELschen Theorie berechneten Werten überein. Die von ULJANIN an

---

[1]) DE LA PROVOSTAYE u. DESSAIN, C. R. Bd. 24, S. 60. 1847.
[2]) W. MÖLLER, Ann. d. Phys. Bd. 24, S. 266. 1885.
[3]) J. VIOLLE, C. R. Bd. 105, S. 111. 1886.

schwarzem Glas für die Wellenlänge $\lambda = 40 \cdot 10^{-5}$ cm und an Platin für $\lambda = 30 \cdot 10^{-5}$ cm ausgeführten Messungen des Polarisationsgrades ergaben Werte, die scheinbar mit den berechneten übereinstimmen; der Berechnung lagen jedoch die optischen Konstanten für rotes Licht zugrunde. Millikan[1]) fand an Platin und Silber etwas zu geringe Werte der Polarisation. Laue und Martens[2]) untersuchten die Strahlung des Platins bei der Wellenlänge $6,3 \cdot 10^{-5}$ cm bei $1173°$ abs. und fanden Übereinstimmung der gemessenen Werte und der Werte, die mit den optischen Konstanten, die den Absorptions- und Reflexionsbeobachtungen von Hagen und Rubens entnommen wurden, berechnet wurden. Eine Temperaturänderung von $700°$ $(1073-1773°$ abs.) bewirkte keine Änderung. Der von Czerny[3]) für $67,6 \cdot 10^{-5}$ cm gemessene Polarisationsgrad der Strahlung des Platins bei einer Temperatur von etwa $1120°$ abs. stimmt ebenfalls mit dem aus den optischen Konstanten berechneten genügend überein. Die optischen Konstanten für diese Wellenlänge sind aus der Drude-Planckschen Beziehung (vgl. Ziff. 14) berechnet. Tabelle 3 zeigt dies.

Tabelle 3. Verhältnis der Emissionsvermögen E_s (elektrischer Vektor $\perp$) zu E_p (elektrischer Vektor $\parallel$ zur Emissionsebene) für Platin bei $67,6 \cdot 10^{-5}$ cm und der Temperatur von ca. $1120°$ abs. in Abhängigkeit vom Winkel nach Czerny.

φ	E_s/E_p beobachtet	E_s/E_p berechnet	φ	E_s/E_p beobachtet	E_s/E_p berechnet
60°	0,2776	0,2664	80°	0,0447	0,0383
70	0,1380	0,1305	84	0,0189	0,0163
75	0,0837	0,0782	87	0,0084	0,0059

Messungen der Winkelabhängigkeit der Gesamtstrahlung des Platins liegen von Bauer und Moulin[4]) vor. Tabelle 4 gibt in der letzten Spalte die Werte. Danach bleibt der Wert der Gesamtstrahlung bis etwa $40°$ gleich dem in senkrechter Richtung. Bei $60°$ ist die Strahlung im Vergleich mit der in senkrechter Richtung 14% größer, bei $80°$ bereits 77%. An technischen Oberflächen bestimmte E. Schmidt[5]) das Emissionsvermögen aus Messungen der Strahlung senkrecht zur

Tabelle 4. Emissionsvermögen des Platins in Abhängigkeit vom Emissionswinkel bezogen auf das Emissionsvermögen in Richtung senkrecht zur strahlenden Fläche.

Winkel	Emissionsvermögen			
	für rotes Licht			für die Gesamtstrahlung gemessen von Bauer u. Moulin
	Berechnet	Gemessen von Bauer u. Moulin		
		poliert	rauh	
0	1,000	1	1	1,00
10	0,999	1	1	0,98
20	1,000	1	1	0,97
25	1,000	0,97	1,00	0,97
30	1,005	0,97	1,00	0,97
40	1,015	1,02	1,00	0,985
50	1,045	1,00	1,00	1,03
60	1,090	1,07	1,00	1,14
70	1,167	1,10	1,00	1,35
80	1,159	1,13	1,00	1,77
85			1,00	1,90

[1]) R. A. Millikan, Phys. Rev. Bd. 3, S. 81 u. 177. 1885/86.
[2]) M. Laue u. F. F. Martens, Verh. d. D. Phys. Ges. 1907, S. 522.
[3]) M. Czerny, ZS. f. Phys. Bd. 26, S. 182. 1924.
[4]) E. Bauer u. M. Moulin, C. R. Bd. 190, S. 167. 1910.
[5]) E. Schmidt, Beihefte zum Gesundheits-Ing., Reihe 1, Heft 20. 1927.

Oberfläche und im Raume bei Zimmertemperatur. Das räumliche Emissionsvermögen für blanke Metalle ist nach diesen Messungen etwa 30% größer, für Oxyde ergibt sich kein Unterschied. Außer diesen Messungen der Winkelabhängigkeit der Gesamtstrahlung liegen noch Messungen für einzelne Spektralbereiche vor. Tabelle 4 enthält die Werte für rotes Licht für Platin, die von BAUER und MOULIN bestimmt wurden. Außer den gemessenen Werten sind nochmals die berechneten Werte der Strahlung in Abhängigkeit vom Winkel angegeben. Von BAUER und MOULIN wurde außer einer blanken Oberfläche noch eine rauhe untersucht; die Ergebnisse dieser Messungen enthält gleichfalls Tabelle 4. Für blankes Platin betragen die Abweichungen im roten Licht

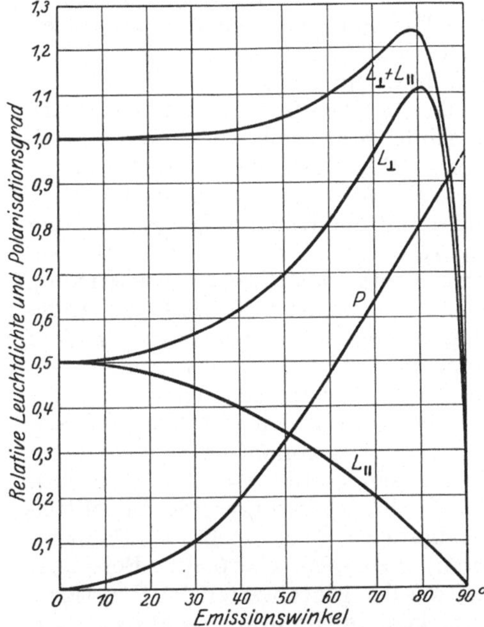

Abb. 11. Abhängigkeit der relativen Leuchtdichte und der Polarisation der Strahlung vom Emissionswinkel für Molybdän nach Messungen von WORTHING 1926 für das sichtbare Gebiet. $L_\perp$ und $L_\parallel$ bedeuten die senkrecht bzw. parallel zur Einfallsebene polarisierten Komponenten.[1]

$$P = \left(\frac{L_\perp - L_\parallel}{L_\perp + L_\parallel}\right).$$

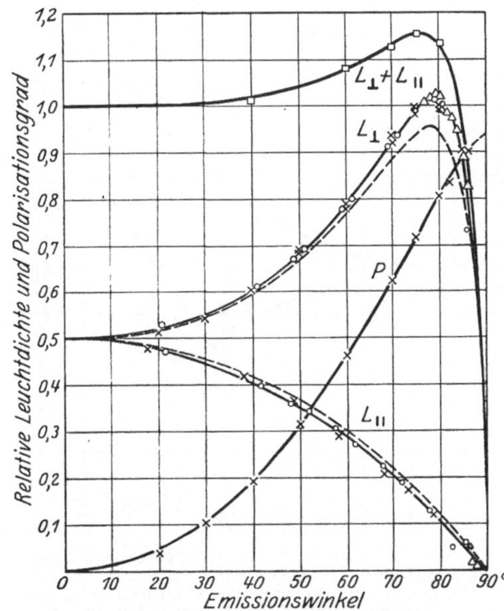

Abb. 12. Abhängigkeit der relativen Leuchtdichte und der Polarisation der Strahlung vom Emissionswinkel für Wolfram nach Messungen von WORTHING (1926) für das sichtbare Gebiet (————) und ZWIKKER (1927) bei der Wellenlänge $\lambda = 6{,}52 \cdot 10^{-5}$ cm (— — —). $L_\perp$ und $L_\parallel$ bedeuten die senkrecht bzw. parallel zur Einfallsebene polarisierten Komponenten. P ist der Polarisationsgrad.

$$P = \left(\frac{L_\perp - L_\parallel}{L_\perp + L_\parallel}\right) \quad \text{(vgl. Anm. Abb. 11).}$$

bei 70° etwa 15%; bei rauhen Oberflächen sind dagegen Unterschiede der Strahlung in verschiedenen Richtungen nicht feststellbar. Außerdem liegen noch Messungen an Wolfram und Molybdän für das sichtbare Gebiet (Temperaturen für Wolfram 1750, 1950 und 2470° abs., für Molybdän 2155° abs.) von WORTHING[2] und für die Wellenlänge $6{,}5 \cdot 10^{-5}$ cm bei Glühtemperaturen von ZWIKKER[3] vor; außerdem noch für Tantal für sichtbares Licht (Temperatur 1650° abs.) von WORTHING. Abb. 11, 12 und 13 zeigen die Einzelergebnisse von WORTHING; bei ZWIKKER stimmen die Ergebnisse für Molybdän mit den

---

[1]) Da der elektrische Vektor senkrecht zur Polarisationsebene steht, muß bei Bezug auf diesen die Bezeichnung $\perp$ und $\parallel$ vertauscht werden.

[2]) A. G. WORTHING, Journ. Opt. Soc. Amer. Bd. 13, S. 635. 1926.

[3]) C. ZWIKKER, l. c. S. 194.

Worthingschen überein, für Wolfram sind die Einzelmessungen von Zwikker bereits in Abb. 6 und 7 (Ziff. 2) gebracht, die an dem hochglänzenden Wolframband gemessenen Werte sind in Abb. 12 eingetragen. Im Vergleich mit den Worthingschen Werten für Wolfram ist die von Zwikker gefundene Abweichung vom Lambertschen Kosinusgesetz geringer. Dies deutet darauf hin, daß das von Worthing untersuchte Wolframband eine glattere Oberfläche hatte (vgl. dazu die Ergebnisse von Zwikker, Abb. 6). Wieweit eine Änderung dieser Abhängigkeit der Strahlung von der Emissionsrichtung in anderen Wellenlängenbereichen auftritt, ist nicht genau untersucht worden. Worthing und Zwikker nehmen aus orientierenden Messungen an, daß im Grün ein kleinerer Unterschied der Schwingungskomponenten vorhanden ist. Nur äußerst genaue Messungen können Aufschluß über die Abhängigkeit der Größe der Polarisation und der Strahlungsintensität von der Temperatur geben. Worthing hat durch Messungen an Wolfram versucht, diese Änderung und damit die der optischen Konstanten nachzuweisen. Die Ergebnisse erlauben zwar keine quantitative Auswertung, zeigen jedoch deutlich, daß eine Änderung der optischen Konstanten in dem Sinne erfolgt, wie sie der Änderungen des Emissionsvermögens entspricht. Die Mittelwerte für den Brechungsindex n und den Absorptionsindex $\varkappa$ sind für Zimmertemperatur $n = 3{,}86$, $\varkappa = 0{,}81$. Für Glühtemperatur ergibt die Mittelwertbildung (über mehrere Temperaturen) $n = 3{,}85$, $\varkappa = 0{,}89$. Berechnet man aus den Einzelwerten das Emissionsvermögen in Richtung senkrecht zur Fläche, so ergibt sich für Zimmertemperatur 0,461, für Glühtemperatur 0,437. Der gemessene Wert bei Zimmertemperatur ist 0,470, für Glühtemperatur stimmt der gemessene mit dem berechneten Wert überein[1]).

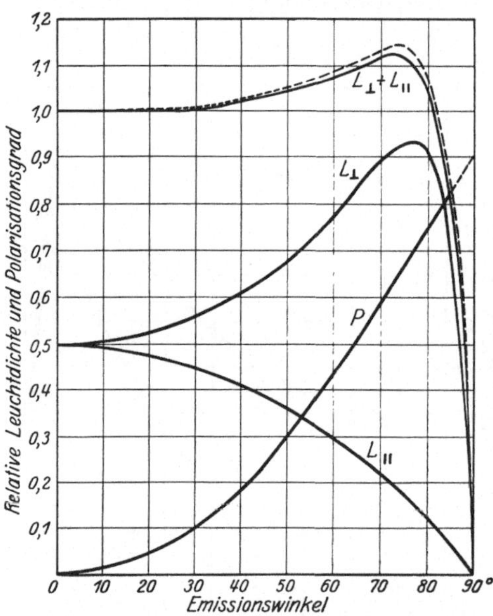

Abb. 13. Abhängigkeit der relativen Leuchtdichte und der Polarisation der Strahlung vom Emissionswinkel für Tantal nach den Messungen von Worthing (1926) für das sichtbare Gebiet. $L_\perp$ und $L_{||}$ bedeuten die senkrecht bzw. parallel zur Einfallsebene polarisierten Komponenten. P ist der Polarisationsgrad. Für die relative Leuchtdichte gibt die ausgezogene Kurve den Wert $L_{||} + L_\perp$, die gestrichelte Kurve die gemessene Leuchtdichte.

$$P = \frac{L_\perp - L_{||}}{L_\perp + L_{||}} \quad \text{(vgl. Anm. Abb. 11).}$$

Außer für den bei der Metallreflexion erstrebten Extremfall, spiegelnde Politur, liegen für den anderen Extremfall, möglichst große Zerstreuung, Messungen der Winkelabhängigkeit vor, und zwar an Magnesiumoxyd. Untersuchungen des diffusen Reflexionsvermögens für die Gesamtstrahlung des Argandbrenners resp. des Sonnenlichtes sind von Ångström[2]) bzw. Hutchins[3]) gemacht worden. Bei senkrechter Inzidenz gilt für die reflektierte Intensität bei Reflexionswinkeln von 30 bis 40° das Kosinusgesetz. Für größere Reflexionswinkel nimmt die Intensität rasch ab und beträgt bei einem Winkel von 80° nur noch etwa 70% des berechneten Wertes. Für die sichtbare Strahlung

---

[1]) Über die Änderung des Emissionsvermögens mit der Temperatur siehe Ziff. 20.
[2]) K. Ångström, Wied. Ann. Bd. 26, S. 253. 1885.
[3]) C. C. Hutchins, Sill. Journ. Bd. 6, S. 373. 1898.

maßen Henning und Heuse[1]) das Reflexionsvermögen. Ein Unterschied für rotes und grünes Licht konnte nicht festgestellt werden. Das Gesamtreflexionsvermögen, d. h. der in die Halbkugel zurückgestrahlte Teil des einfallenden Lichtes, betrug 95,3%. Die Messung des diffusen Reflexionsvermögens für senkrecht auffallendes Licht läßt sich nach der empirischen Formel

$$R_\vartheta = 1 - 1{,}3 \cdot \sin^4 \frac{\vartheta}{2}$$

(ϑ Winkel zwischen Flächennormale und Meßrichtung) darstellen. Die danach berechneten Werte sind in Abb. 14 wiedergegeben; sie stimmen auch befriedigend mit theoretisch berechneten Werten von Pokrowski[2]) überein.

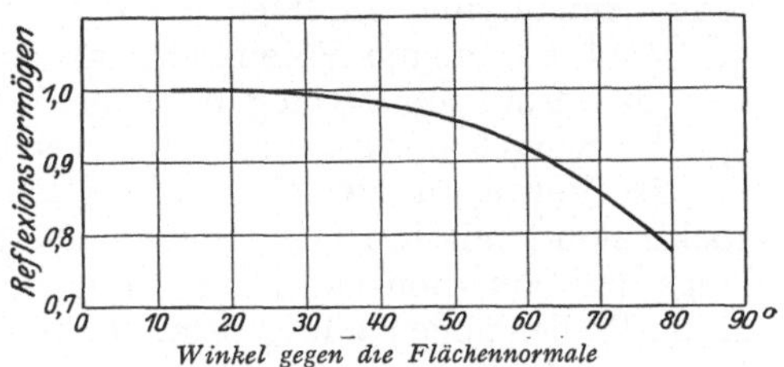

Abb. 14. Diffuses Reflexionsvermögen in Abhängigkeit vom Winkel bei senkrechter Inzidenz für Magnesiumoxyd bei Zimmertemperatur nach Henning und Heuse 1922.

C. Strahlung der Metalle.

14. Das aus der Maxwellschen Theorie berechnete Reflexionsvermögen der Metalle. Für vollkommen leitende Substanzen ergibt sich aus der Maxwellschen Theorie nach Drude-Planck[3]) folgender Zusammenhang zwischen der Schwingungsdauer τ, der spez. elektrischen Leitfähigkeit σ und dem Reflexionsvermögen bei senkrechter Inzidenz:

$$R = \frac{2\sigma\tau - 2\sqrt{\sigma\tau} + 1}{2\sigma\tau + 2\sqrt{\sigma\tau} + 1},$$

Voraussetzung ist hierbei, daß die Dielektrizitätskonstante $\varepsilon \ll 2\sigma\tau$ ist, oder daß $n^2 - k^2 \ll 2\sigma\tau$ (n Brechungsindex, k Absorptionskoeffizient) und die Permeabilität gleich 1 ist. Sind die Schwingungszeiten, mithin auch die Wellenlängen, groß, so ist $\sigma\tau \gg 1$, dann kann in erster Näherung

$$R = 1 - \frac{2}{\sqrt{\sigma\tau}}$$

gesetzt werden. Das Reflexionsvermögen seinerseits ist für die undurchsichtigen Körper nach dem Kirchhoffschen Gesetz mit dem Absorptionsvermögen verknüpft, $R = 1 - A$; da Absorptions- und Emissionsvermögen zahlenmäßig gleich sind, so folgt $e = \frac{2}{\sqrt{\sigma\tau}}$.

Wird in die erste Näherungsgleichung für R anstatt der Schwingungszeit τ die Wellenlänge λ und anstatt der Leitfähigkeit σ der spezifische Widerstand ϱ eingeführt und $\dfrac{2}{\sqrt{\dfrac{\lambda}{c \cdot \varrho}}}$ nach Potenzen entwickelt, so ergibt sich (λ in cm, ϱ in Ohm pro cm-Würfel)

$$e = 0{,}365 \left(\frac{\varrho}{\lambda}\right)^{\frac{1}{2}} - 0{,}067 \left(\frac{\varrho}{\lambda}\right) + 0{,}006 \left(\frac{\varrho}{\lambda}\right)^{\frac{3}{2}} + \cdots.$$

Für große Wellenlängen ist das erste Glied der Gleichung ausschlaggebend für den Wert des Emissionsvermögens. Es ist also dann das Emissionsvermögen proportional der Quadratwurzel aus dem Verhältnis des elektrischen Widerstandes

---

[1]) F. Henning u. W. Heuse, l. c. S. 198.
[2]) G. J. Pokrowski, ZS. f. Phys. Bd. 30, S. 66. 1924; Bd. 35, S. 390. 1926; Bd. 36, S. 472. 1926.
[3]) P. Drude, Physik des Äthers, S. 575. 1894; M. Planck, Berl. Ber. S. 278, 1903. (Vgl. ds. Handb. Bd. XX: W. König, Elektromagnet. Lichttheorie.

zur Wellenlänge. Das spektrale Emissionsvermögen wächst demnach bei gleicher Temperatur mit der Wurzel aus der Schwingungszahl. Der durch diese Vereinfachung bedingte Fehler ist für Werte $\frac{\varrho}{\lambda} \leqq 25$ kleiner als 5%. Man kann in roher Annäherung ansetzen, daß der elektrische Widerstand bei Metallen proportional der ersten Potenz der absoluten Temperatur anwächst: $\varrho = a \cdot T$. Für das Emissionsvermögen ergibt sich dann ein Anstieg proportional der Quadratwurzel aus der absoluten Temperatur.

15. Vergleich zwischen theoretischen und experimentellen Werten des spektralen Emissionsvermögens. Die Beziehung zwischen Widerstand, Wellenlänge und Emissionsvermögen kann entsprechend den Voraussetzungen nur für große Wellenlängen gültig sein. Untersuchungen des Reflexionsvermögens von HAGEN und RUBENS[1]) an 12 Metallen und Legierungen bei Zimmertemperatur für Wellenlängen zwischen $4 \cdot 10^{-4}$ cm und $12 \cdot 10^{-4}$ cm zeigten, daß der Wert des gemessenen Reflexionsvermögens dem theoretisch berechneten um so näher lag, je größer die Wellenlängen waren. Weitere Untersuchungen des Emissionsvermögens bei der Temperatur von 443° abs. für die Wellenlänge $25,5 \cdot 10^{-4}$ cm ergaben gute Übereinstimmung von gemessenen und theoretisch berechneten Werten[2]). Die Messungen an 11 reinen Metallen ergaben als Mittelwert (ausgenommen ist Wismut) $e_\lambda = \sqrt{\varrho}\,0,0733$. Der theoretische Wert des Faktors ist 0,0722. Nur die Messungen an Wismut ergaben einen mehr als doppelt so großen Wert. Die Temperaturabhängigkeit des Emissionsvermögens wurde für $\lambda = 25,5 \cdot 10^{-4}$ cm für Platin im Temperaturintervall von 443 bis 1833° abs. geprüft. Zur Berechnung des Emissionsvermögens wurde der spezifische Widerstand des Platins nach der Formel $\varrho_t = 0,154 \cdot 10^{-4}(1 + 0,0024 t + 0,00000033 t^2)$ für die einzelnen Temperaturen ermittelt. HAGEN und RUBENS nahmen das quadratische Korrektionsglied als positiv an, da dadurch eine gute Übereinstimmung zwischen den theoretischen und gemessenen Werten erzielt wurde.

Spätere Untersuchungen von HAGEN und RUBENS[3]) an Platin, Silber, Nickel und 4 Legierungen für die Reststrahlen des Quarzes ($\lambda = 8,85 \cdot 10^{-4}$ cm) und die Reststrahlen des Flußspats ($\lambda = 25,5 \cdot 10^{-4}$ cm) und an Platin, Silber, Gold und 4 Legierungen für die Reststrahlen des Kalkspats ($\lambda = 6,65 \cdot 10^{-4}$ cm,) für die Temperaturen 373, 473, 573, 673 und 773° abs. zeigten, daß bei Platin die Abhängigkeit des Emissionsvermögens von der Temperatur doch nicht ganz mit der theoretisch berechneten übereinstimmt. Das Emissionsvermögen steigt schneller mit der Temperatur an, als es der Theorie entspricht. Die Abweichungen betragen ca. 8% für $\lambda = 8,85 \cdot 10^{-4}$ und ca. 10% für $\lambda = 6,65 \cdot 10^{-4}$ cm bei 773° abs. Die Übereinstimmung zwischen den gemessenen und theoretisch berechneten Werten für den Anstieg des Emissionsvermögens ist für die anderen Metalle gut. Zahlenmäßig stimmen die berechneten Werte des Emissionsvermögens mit den gemessenen Werten für $25,5 \cdot 10^{-4}$ cm überein, für $8,85 \cdot 10^{-4}$ cm sind die Abweichungen zwischen gemessenen und berechneten Werten schon groß, es ist bei Platin und Nickel das Emissionsvermögen ca. 20%, beim Silber ca. 40% geringer, als die Theorie fordert. Für $6,65 \cdot 10^{-4}$ cm sind die Abweichungen noch größer, bei Silber 70%, bei Gold 50% und bei den anderen Metallen etwa 10%. Die theoretischen und gemessenen Werte sind für die 3 Wellenlängen aus Abb. 15 bis 18 zu entnehmen. Für Platin wie auch für Platin-Rhodium (90% Pt + 10% Rh) ergab sich aus weiteren Messungen von HAGEN und RUBENS, daß die Abhängigkeit des Emissionsvermögens von der Temperatur für das Temperaturintervall

[1]) E. HAGEN u. H. RUBENS, l. c. S. 198. Ann. d. Phys. Bd. 8, S. 1. 1902.
[2]) E. HAGEN u. H. RUBENS, Verh. d. D. Phys. Ges. Bd. 6, S. 128. 1904.
[3]) E. HAGEN u. H. RUBENS, Berl. Ber. 1909, S. 478; 1910, S. 467.

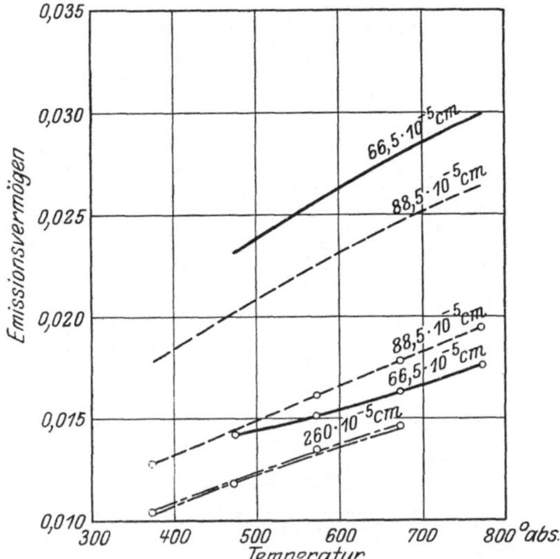

Abb. 15. Emissionsvermögen des Silbers in Abhängigkeit von der Temperatur für verschiedene Wellenlängen im Ultrarot nach HAGEN und RUBENS 1909/10.

——————— 66,5 · 10 − ⁵ cm, berechnete Werte,
———————o 66,5 · 10 − ⁵ cm, gemessene Werte,
— — — — — 88,5 · 10 − ⁵ cm, berechnete Werte,
— — — — o 88,5 · 10 − ⁵ cm, gemessene Werte,
— · — · — · 260 · 10 − ⁵ cm, berechnete Werte,
— · — · — o 260 · 10 − ⁵ cm, gemessene Werte.

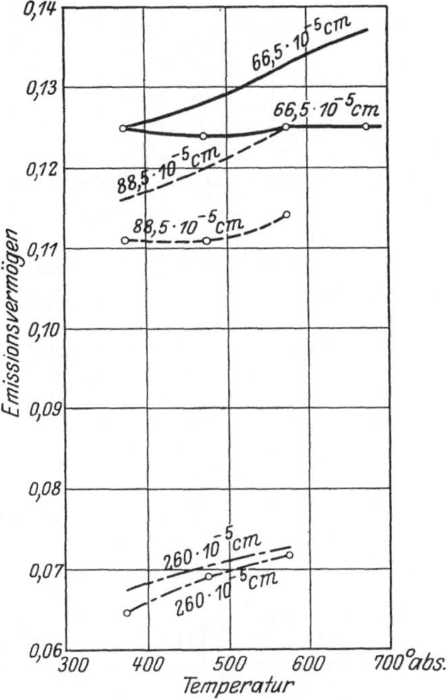

Abb. 17. Emissionsvermögen von Nickelstahl in Abhängigkeit von der Temperatur für verschiedene Wellenlängen im Ultrarot nach HAGEN u. RUBENS 1909/10.

——————— 66,5 · 10 − ⁵ cm, berechnete Werte,
———————o 66,5 · 10 − ⁵ cm, gemessene Werte,
— — — — — 88,5 · 10 − ⁵ cm, berechnete Werte,
— — — — o 88,5 · 10 − ⁵ cm, gemessene Werte,
— · — · — · 260 · 10 − ⁵ cm, berechnete Werte,
— · — · — o 260 · 10 − · ⁵ cm, gemessene Werte.

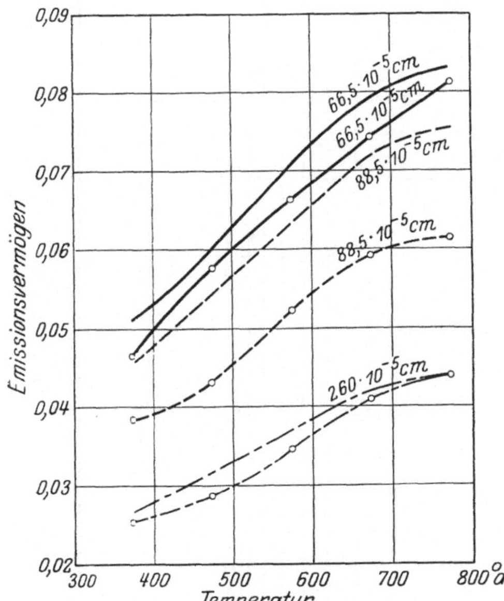

Abb. 16. Emissionsvermögen des Nickels in Abhängigkeit von der Temperatur für verschiedene Wellenlängen im Ultrarot nach HAGEN und RUBENS 1909/10.

——————— 66,5 · 10 − ⁵ cm, berechnete Werte,
———————o 66,5 · 10 − ⁵ cm, gemessene Werte,
— — — — — 88,5 · 10 − ⁵ cm, berechnete Werte,
— — — — o 88,5 · 10 − ⁵ cm, gemessene Werte,
— · — · — · 260 · 10 − ⁵ cm, berechnete Werte,
— · — · — o 260 · 10 − ⁵ cm, gemessene Werte.

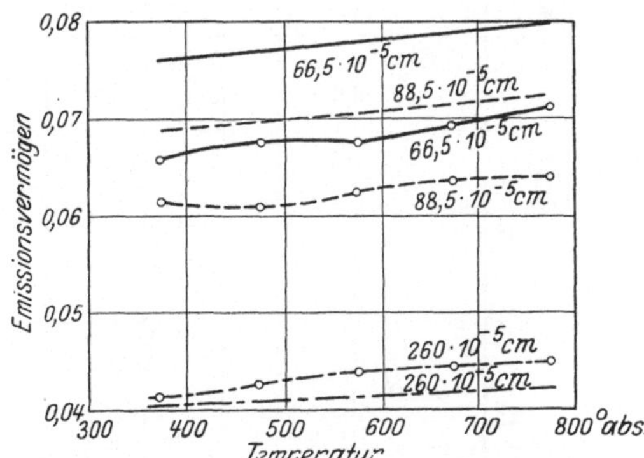

Abb. 18. Emissionsvermögen von Platinsilber in Abhängigkeit von der Temperatur für verschiedeneWellenlängen im Ultrarot nach HAGEN u. RUBENS 1909/10.

——————— 66,5 · 10 − ⁵ cm, berechnete Werte,
———————o 66,5 · 10 − ⁵ cm, gemessene Werte,
— — — — — 88,5 · 10 − ⁵ cm, berechnete Werte,
— — — — o 88,5 · 10 − ⁵ cm, gemessene Werte,
— · — · — · 260 · 10 − ⁵ cm, berechnete Werte,
— · — · — o 260 · 10 − ⁵ cm, gemessene Werte.

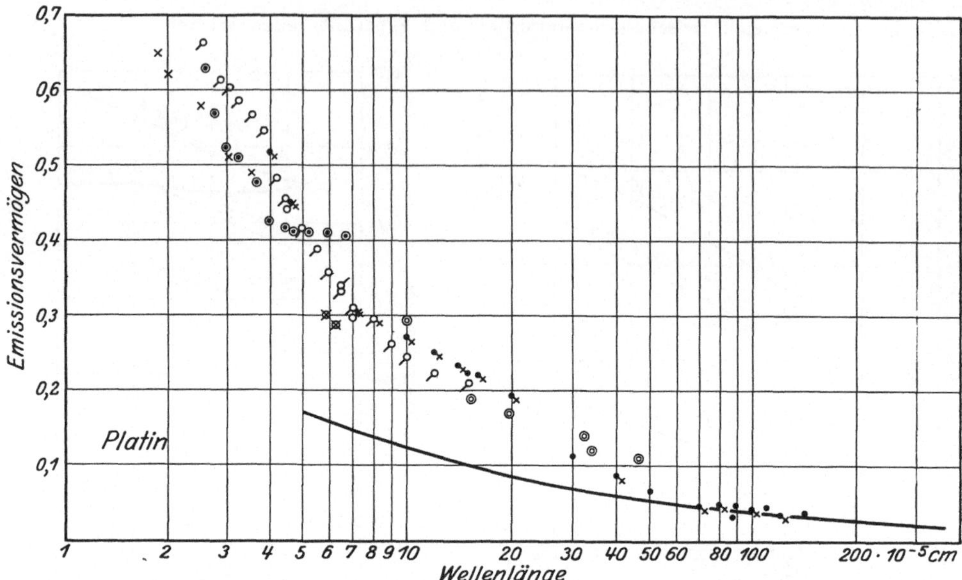

Abb. 19. Aus Messungen des Reflexionsvermögens berechnete Werte des Emissionsvermögens für Platin in Abhängigkeit von der Wellenlänge bei Zimmertemperatur.

⊠ Drude 1890 ♂ }
× Hulburt 1915 ♀ } Hagen u. Rubens { 1900 ● Coblentz 1910
◉ W. Meier 1910 • }   { 1902 ◎ Förerling u. Fréedericksz 1913
                                       { 1903 —— theoretische Kurve (nach Hagen u. Rubens berechnet).

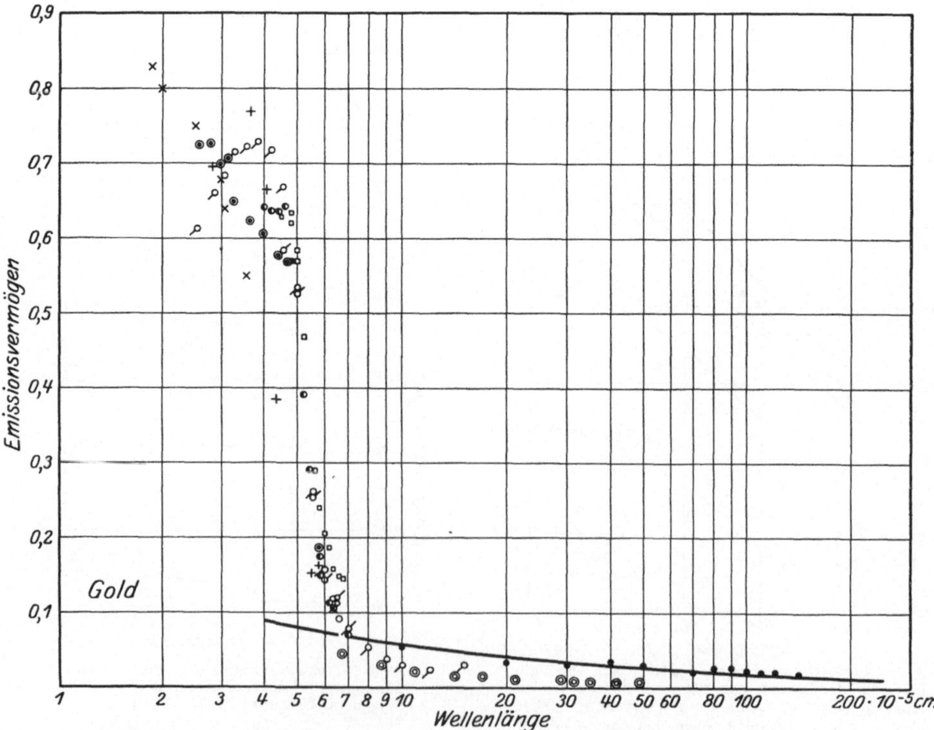

Abb. 20. Aus Messungen des Reflexionsvermögens berechnete Werte des Emissionsvermögens für Gold in Abhängigkeit von der Wellenlänge bei Zimmertemperatur.

⊠ Drude 1890 ♂ }
× Hulburt 1915 ♀ } Hagen u. Rubens { 1900 ◖ Tool 1910
◉ W. Meier 1910 • }   { 1902 □ Tate 1912
◎ Försterling u. Fréedericksz 1913   { 1903 + Pfestorf 1926
                                       —— theoretische Kurve (nach Hagen u. Rubens berechnet).

von 773 bis 1673° abs. für $6 \cdot 10^{-4}$ und $4 \cdot 10^{-4}$ cm gleich der von der Theorie geforderten ist. Für $2 \cdot 10^{-4}$ cm ist keine Veränderung des Emissionsvermögens mit der Temperatur gefunden. Bei Nickel wurde zwischen Zimmertemperatur und 583° abs. für $4 \cdot 10^{-4}$ cm ein Anstieg des Emissionsvermögens von 21%, für $5 \cdot 10^{-4}$ cm von 53% gefunden, theoretisch müssen die Anstiege etwa 60% betragen. Weitere Untersuchungen im ultraroten Gebiet, die eine Übereinstimmung zwischen Theorie und den gemessenen Werten in demselben Wellenlängengebiet zeigten, sind von Coblentz[1]) ausgeführt. Sie bringen nichts wesentlich Neues.

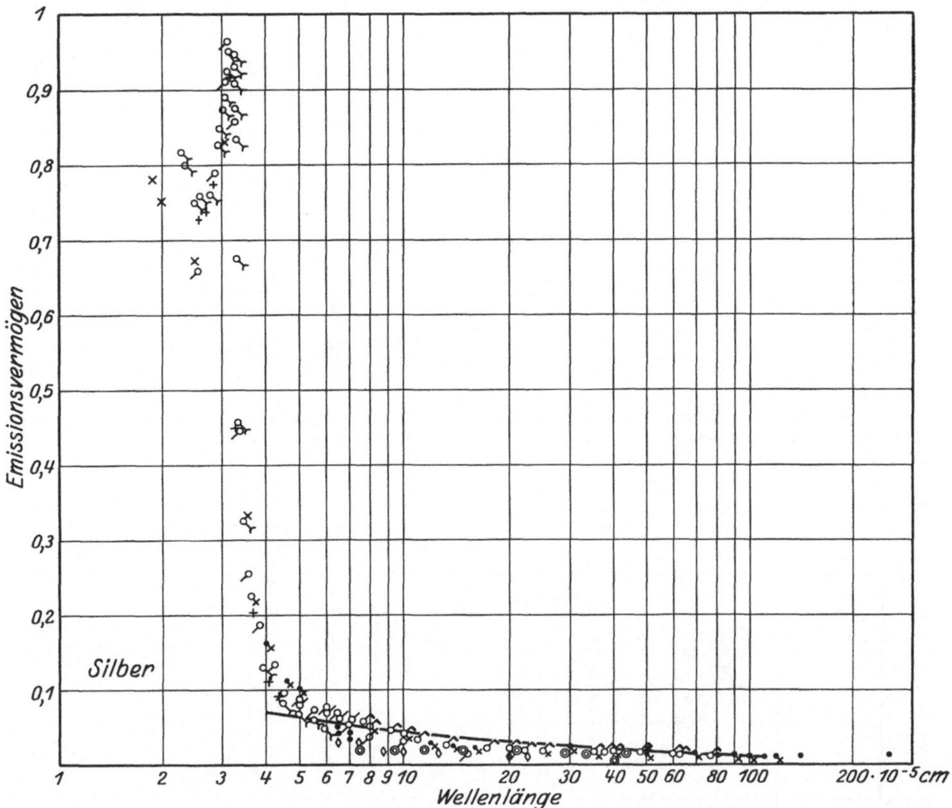

Abb. 21. Aus Messungen des Reflexionsvermögens berechnete Werte des Emissionsvermögens für Silber in Abhängigkeit von der Wellenlänge bei Zimmertemperatur. (Der Wert für $\lambda = 255 \cdot 10^{-5}$ cm ist von 443° abs. auf Zimmertemperatur umgerechnet.)

♂ ⎫		⎧ 1900	♂	Paschen	1901	◇ Ingersoll 1910
♀ ⎬ Hagen u. Rubens		⎨ 1902	♀	Minor	1903	◎ Försterling u. Fréedericksz 1913
• ⎭		⎩ 1903	●	Coblentz	1910	× Hulburt 1915

\+ Coblentz u. Stair 1929   ——— theoretische Kurve (nach Hagen u. Rubens berechnet).

Die aus den bei Zimmertemperatur gemessenen Werten des Reflexionsvermögens berechneten Emissionsvermögen sind über der Wellenlänge für die Metalle Platin, Gold, Silber, Kupfer, Nickel, Eisen, Wolfram, Molybdän, Tantal, Aluminium und Zink in Abb. 19 bis 29 eingetragen. Außerdem ist die theoretische Kurve für die Metalle, von denen bei den Messungen der Widerstand angegeben ist, mit eingezeichnet, wo diese Angaben fehlen, wie bei Mo und Ta, sind die sich aus den neuesten Messungen ergebenden Widerstände benutzt.

Da bei schnelleren Schwingungen die Vereinfachungen, die Drude und Planck in ihrer Ableitung vornahmen, nicht mehr zulässig sind, so sind die Gesetzmäßigkeiten verwickelter.

---

¹) W. W. Coblentz, Bull. Bur of. Stand. Bd. 7, S. 198, 1911; Journ. Frankl. Inst. Bd. 180, S. 170. 1910.

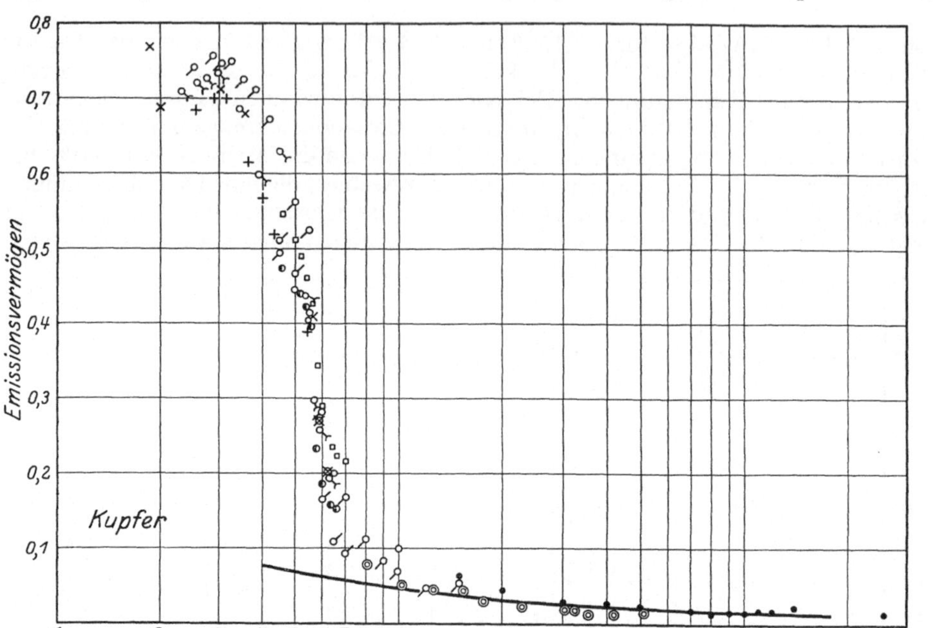

Abb. 22. Aus Messungen des Reflexionsvermögens berechnete Werte des Emissionsvermögens für Kupfer über der Wellenlänge bei Zimmertemperatur. (Der Wert für $\lambda = 255 \cdot 10^{-5}$ cm ist von 443° abs. auf Zimmertemperatur umgerechnet.)

⊠	DRUDE	1890	☌	MINOR	1903	×	HULBURT	1915
♂		1900	◖	TOOL	1910	+	PFESTORF	1926
℘	HAGEN u. RUBENS ⎰ 1902		◎	FÖRSTERLING u. FRÉEDERICKSZ 1913		——	theoretische Kurve (nach	
•		1903	□	TATE	1912		HAGEN u. RUBENS berechnet).	

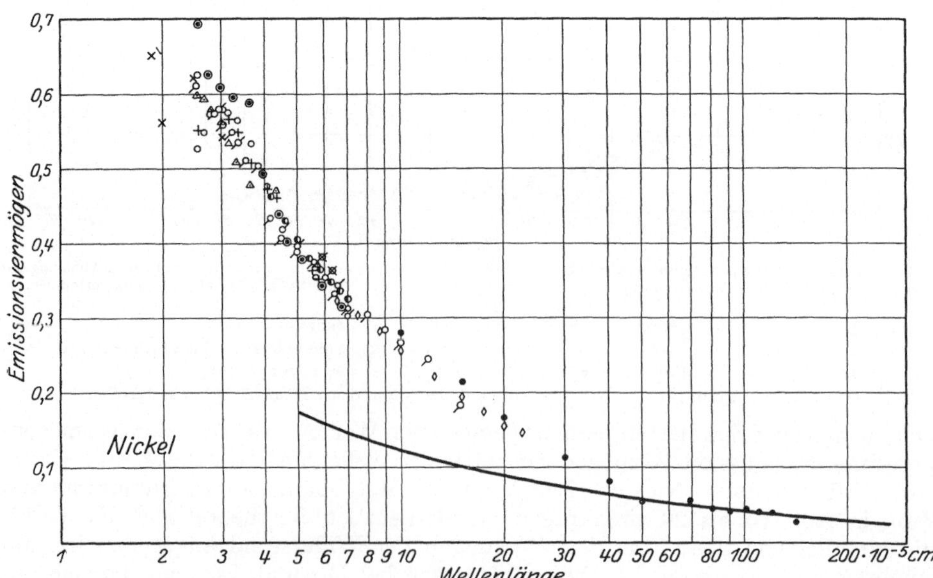

Abb. 23. Aus Messungen des Reflexionsvermögens berechnete Werte des Emissionsvermögens für Nickel über der Wellenlänge bei Zimmertemperatur.

⊠	DRUDE	1890	◖	TOOL	1910	+	PFESTORF	1926
♂		1900	◉	W. MEIER	1910	△	COBLENTZ u. STAIR 1929 (Electrolyt. niedergeschlagen)	
℘	HAGEN u. RUBENS ⎰ 1902		◊	INGERSOLL	1910	○	COBLENTZ u. STAIR 1929 (im Vakuum geschmolzen)	
•		1903	×	HULBURT	1915	——	theoretische Kurve nach HAGEN u. RUBENS berechnet.	

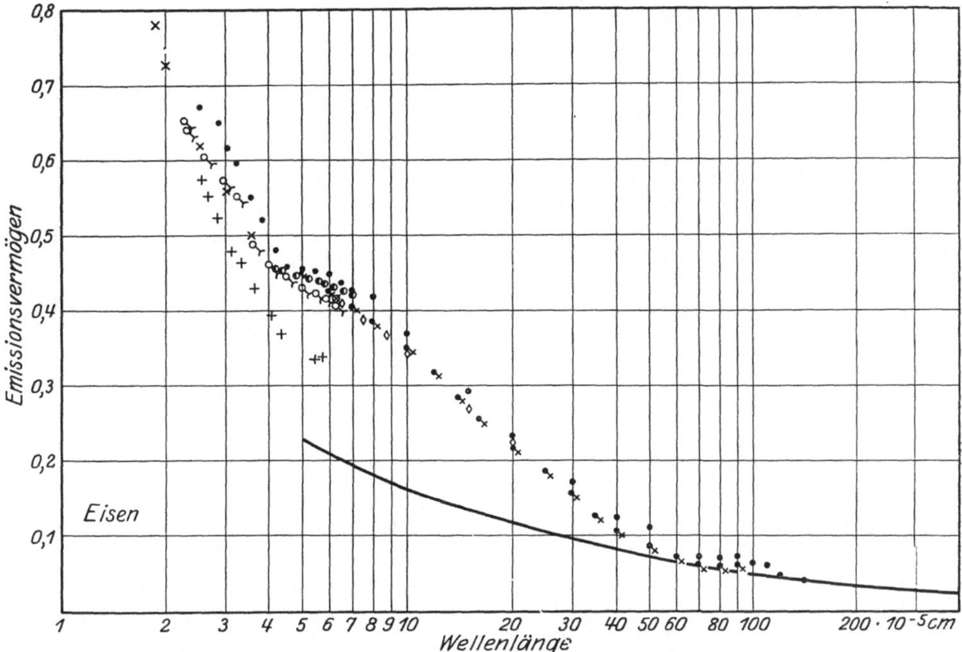

Abb. 24. Aus Messungen des Reflexionsvermögens berechnete Werte des Emissionsvermögens für Eisen und Stahl (vgl. S. 232) über der Wellenlänge bei Zimmertemperatur.

⊠ Drude	1890	○ Minor	1903	◇ Ingersoll	1910	× Hulburt	1915
• Hagen u. Rubens	1903	◑ Tool	1910	◕ Coblentz	1910	+ Pfestorf	1926

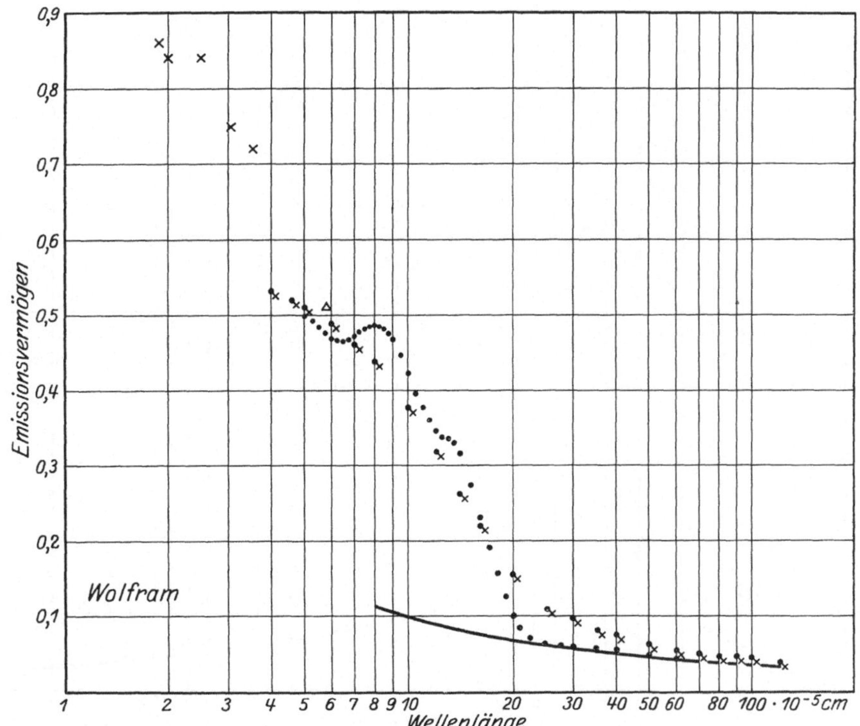

Abb. 25. Aus Messungen des Reflexionsvermögens berechnete Werte des Emissionsvermögens für Wolfram in Abhängigkeit von der Wellenlänge für Zimmertemperatur.

△ v. Wartenberg 1910   × Hulburt 1915   ◕ Coblentz 1910
• Coblentz u. Emerson 1918 (Oberfläche war nicht tadellos) ——— theoretische Kurve nach Werten von Coblentz berechnet.

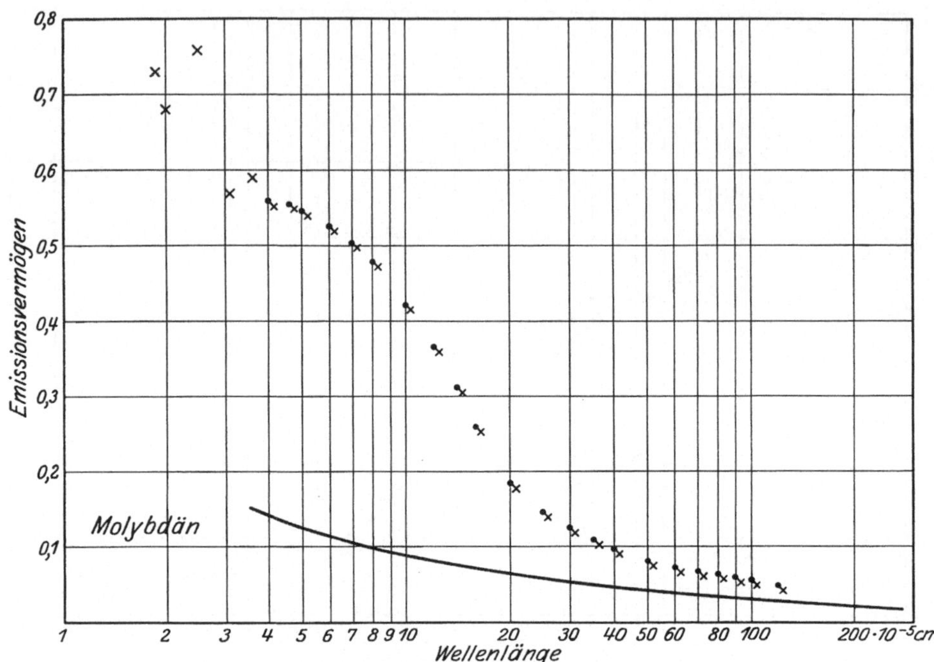

Abb. 26. Aus Messungen des Reflexionsvermögens berechnete Werte des Emissionsvermögens für Molybdän in Abhängigkeit von der Wellenlänge für Zimmertemperatur.

●ₓ COBLENTZ 1910 (Oberfläche war nicht tadellos)   × HULBURT 1915
———— theoretische Kurve nach Werten von COBLENTZ berechnet.

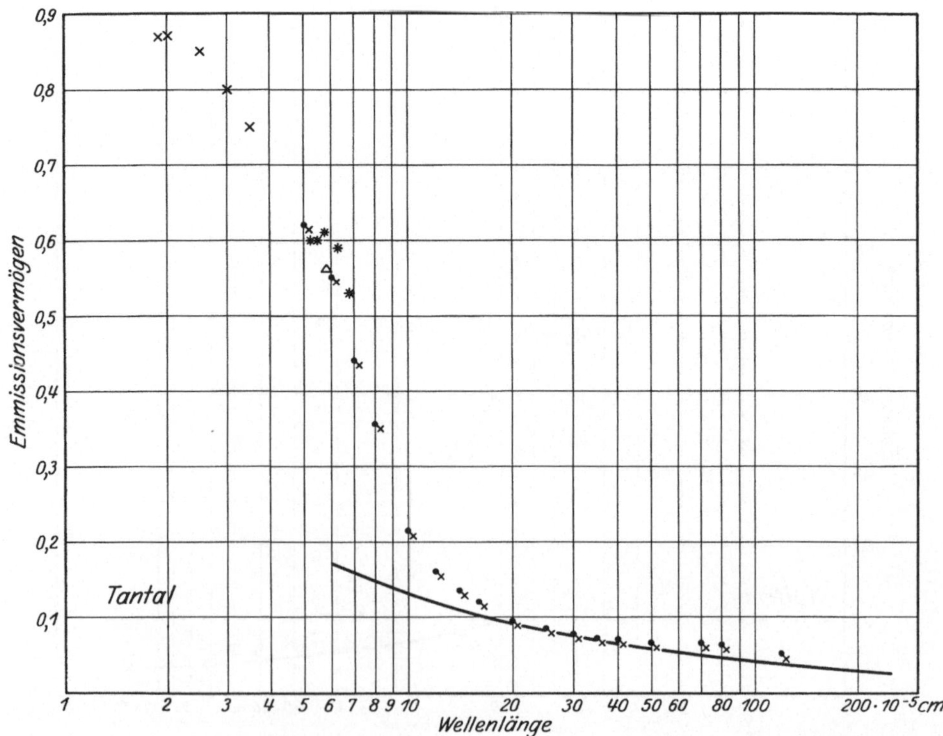

Abb. 27. Aus Messungen des Reflexionsvermögens berechnete Werte des Emissionsvermögens für Tantal in Abhängigkeit von der Wellenlänge für Zimmertemperatur.

●ₓ COBLENTZ 1910 (Oberfläche war nicht tadellos)   △ v. WARTENBERG 1910   ✳ HENNING 1910
    × HULBURT 1915   ———— theoretische Kurve nach Werten von COBLENTZ berechnet.

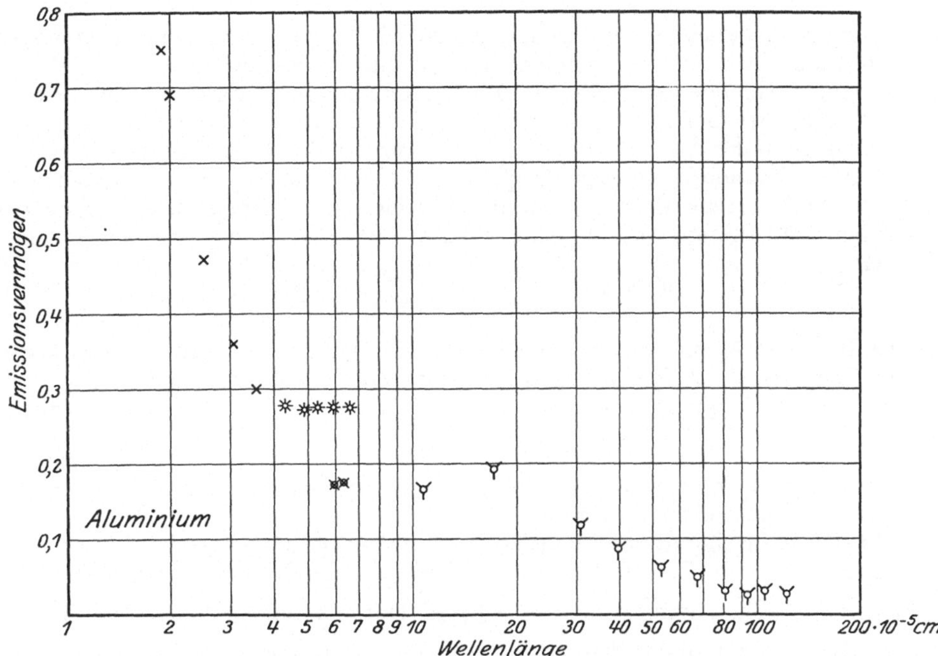

Abb. 28. Aus Messungen des Reflexionsvermögens berechnete Werte des Emissionsvermögens für Aluminium in Abhängigkeit von der Wellenlänge für Zimmertemperatur.

Quincke 1874   Drude 1898   Coblentz 1907   × Hulburt 1915

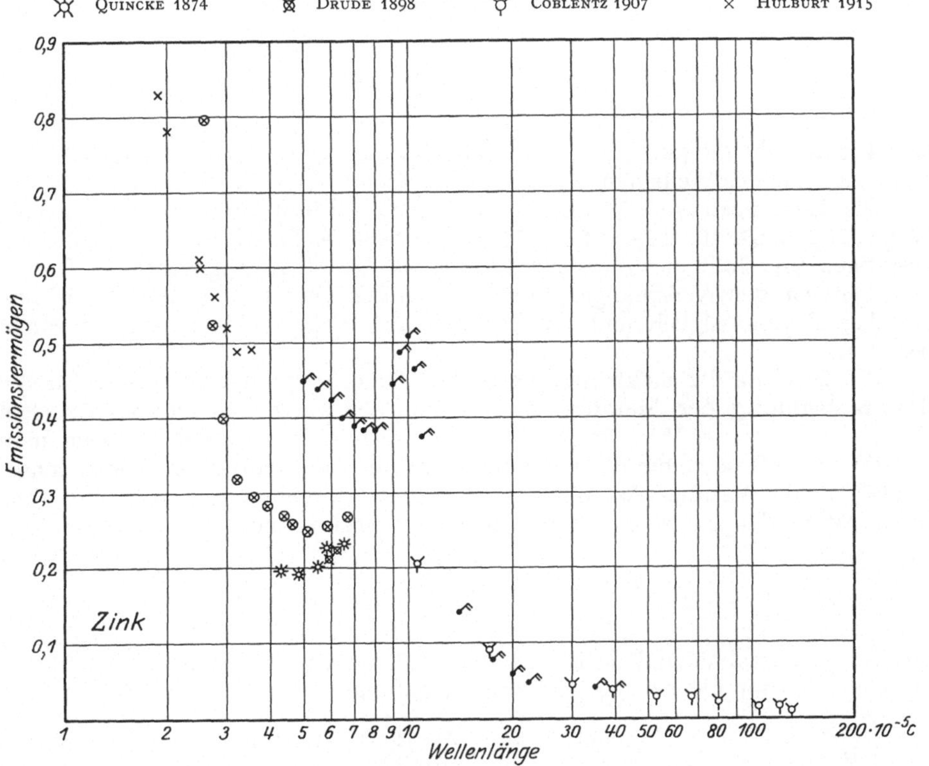

Abb. 29. Aus Messungen des Reflexionsvermögens berechnete Werte des Emissionsvermögens für Zink in Abhängigkeit von der Wellenlänge für Zimmertemperatur.

Quincke 1874   Coblentz 1907   × Hulburt   1915   (Schicht läßt noch Licht durch)
Drude   1890   W. Meier 1910   Coblentz   1920

Um die Dispersion zu erklären, darf man die Körper nicht mehr als homogen und kontinuierlich ansehen, sondern muß in ihnen eine gewisse Anzahl schwingungsfähiger Gebilde (elektrischer Dipole) annehmen. Diesen werden gewisse diskrete Eigenfrequenzen zugeschrieben. Werden infolge Temperaturbewegung elektromagnetische Wellen ausgesandt, so werden die Eigenfrequenzen bevorzugt. Auch können diese Eigenfrequenzen beim Einfallen einer elektromagnetischen Welle erregt werden. Hierdurch sollen die Dispersionserscheinungen entstehen. Mit diesem Ansatz gelangte H. A. Lorentz zu folgender Dispersionsformel:

$$\mathfrak{n}^2 = 1 + \sum_j \frac{N_j \cdot e^2}{\pi \cdot m_j (v_j^2 - v^2) + i\,v\,k_j}.$$

Hierin bedeutet N_j die Anzahl der Dipole in der Volumeneinheit, m_j ihre Masse, v_j ihre Eigenfrequenz, k_j eine Dämpfungskonstante, e die elektrische Elementarladung, v die Frequenz des einfallenden Lichtes. Für Metalle ist $\mathfrak{n}$ komplex:

$$\mathfrak{n} = n - i\varkappa.$$

Es ist häufiger versucht worden, aus den optischen Konstanten der Metalle die Eigenfrequenzen zu bestimmen[1].

16. Durchlässigkeit von Metallen für langwellige ultrarote Strahlung. Aus der Maxwellschen Theorie läßt sich gleichfalls eine Beziehung zwischen Leitfähigkeit (σ), Schwingungszahl $\left(\tau = \dfrac{1}{\lambda}\right)$ und Durchlässigkeit D der Metalle ableiten. Murmann[2] stellte diese Beziehung für langwellige Strahlen, für die der Absorptionsindex $\varkappa = 1$ und der Brechungsindex $n = \sqrt{\sigma \cdot \tau}$ gesetzt werden kann, auf. Für dünne Metallschichten, deren Dicke d klein gegen die Wellenlänge $(d \ll \lambda)$ ist, ergibt sich

$$D = \frac{1}{\left(1 + \dfrac{2\pi}{c} d \cdot \sigma\right)^2}$$

(c = Lichtgeschwindigkeit). Die Durchlässigkeit ist also in diesem Gebiete unabhängig von der Wellenlänge.

Die Messungen von Murmann an Silber, Wismut und Antimon für die Wellenlänge $6{,}67 \cdot 10^{-4}$, $25{,}5 \cdot 10^{-4}$, $52 \cdot 10^{-4}$, $61 \cdot 10^{-4}$, $82 \cdot 10^{-4}$ und $108 \cdot 10^{-4}$ cm bestätigen innerhalb der Versuchsgenauigkeit die Unabhängigkeit der Durchlässigkeit von der Wellenlänge. Auch die von der Theorie geforderte Beziehung zwischen Durchlässigkeit und dem Produkt aus Dicke und Leitfähigkeit wurde bestätigt.

17. Das aus der elektromagnetischen Theorie gefolgerte Gesetz für die Gesamtstrahlung der Metalle. Nimmt man den aus der elektromagnetischen Theorie erschlossenen Wert des Emissionsvermögens als richtig an und geht man mit ihm in die Gesetze für die Hohlraumstrahlung ein, so erhält man Strahlungsgesetze für die Metalle. Aschkinass[3] hat diese Gesetze zuerst abgeleitet. Die Intensität in den einzelnen Spektralbereichen ergibt sich zu

$$E_{\lambda T} = \frac{2 \cdot 0{,}365\, c_1 \sqrt{\varrho}}{\lambda^{5,5}} \cdot \frac{1}{e^{\frac{c_2}{\lambda T}} - 1}.$$

Die Temperaturabhängigkeit ist, da der Widerstand eine Temperaturfunktion ist, komplizierter als bei der Hohlraumstrahlung.

---

[1]) Siehe z. B. W. Meier, Ann. d. Phys. Bd. 31, S. 1017. 1910.
[2]) H. Murmann, ZS. f. Phys. Bd. 54, S. 741. 1929.
[3]) E. Aschkinass, Ann. d. Phys. Bd. 17, S. 960. 1905.

Aus der Gleichung läßt sich ein dem WIENschen Verschiebungsgesetz analoges Gesetz für die Metalle ableiten:

$$\lambda_m T = \frac{c_2}{5{,}477} = 0{,}2615 \ \text{cm} \cdot \text{Grad},$$

$$E_m = 2c_1 \cdot 0{,}365 \left(\frac{5{,}477}{c_2}\right)^{5{,}5} \cdot \frac{1}{e^{5{,}477} - 1} \sqrt{\varrho} \ T^{5{,}5}.$$

Durch Integration über alle Wellenlängen läßt sich das Gesetz für die Gesamtstrahlung ableiten. Es ist die Intensität der Gesamtstrahlung in Richtung senkrecht zur Fläche:

$$S = 2c_1 \cdot 0{,}365 \sqrt{\varrho} \int\limits_0^\infty \lambda^{-5{,}5} \frac{1}{c^{\frac{c_2}{\lambda T}} - 1} \, d\lambda \, .$$

Die Integration führt auf eine Gammafunktion

$$S_T = \frac{2c_1 \cdot 0{,}365 \sqrt{\varrho}}{(c_2)^{4{,}5}} T^{4{,}5} \cdot 1{,}0547 \cdot \Gamma(4{,}5) \, .$$

$\Gamma(4{,}5)$ hat hierin den Wert 11,625.

Zahlenmäßig für

$$c_1 = 5{,}88 \cdot 10^{-13} \ \text{Watt} \cdot \text{cm}^2; \quad c_2 = 1{,}432 \ \text{cm} \cdot \text{Grad}$$

ergibt sich

$$S = 1{,}046 \cdot 10^{-12} \cdot \sqrt{\varrho} \cdot T^{4{,}5} \, .$$

Das Emissionsvermögen e_g in Richtung senkrecht zur Fläche ist demnach

$$e_g = 0{,}573 \cdot \sqrt{\varrho T} \, .$$

Macht man weiter die nur bei niedriger Temperatur gültige Annahme, daß der Widerstand der Metalle proportional der absoluten Temperatur wächst, also $\varrho = a \cdot T$ ist ($a = $ Proportionalitätsfaktor), so ergibt sich dann:

$$e_g = 0{,}573 \sqrt{a} \cdot T \, .$$

Eine Vervollständigung der Ableitung unternahm FOOTE[1]) durch Einbeziehung des zweiten Gliedes der sich aus der MAXWELLschen Theorie ergebenden Beziehung zwischen e_λ und (λ/ϱ). Die von ihm abgeleitete Beziehung ergibt den Wert für das Gesamtemissionsvermögen in Richtung senkrecht zur Fläche zu

$$e_g = 0{,}573 \sqrt{\varrho \cdot T} - 0{,}177 \varrho T \, .$$

Das zweite Glied der Gleichung kommt bei höheren Temperaturen als Korrektionsglied in Betracht, sein Wert beträgt bei 1700° abs. für Pt etwa 11% des ersten Gliedes.

18. Gesamtstrahlung der Metalle unter Berücksichtigung der Änderung des Emissionsvermögens mit dem Emissionswinkel. DAVISSON und WEEKS[2]) fanden beim Vergleich zwischen ihren an Platin gemessenen und den nach FOOTE berechneten Werten Abweichungen, die sie darauf zurückführten, daß die Veränderung der Strahlung mit dem Emissionswinkel bei der theoretischen Ableitung nicht berücksichtigt worden war.

---

[1]) P. D. FOOTE, Bull. Bur. of Stand. Bd. 11, S. 607. 1915; Journ. Washington Acad. Bd. 5, S. 1. 1915.

[2]) C. DAVISSON u. J. R. WEEKS, Journ. Opt. Soc. Amer. Bd. 8, 1, S. 581. 1924; Phys. Rev. Bd. 17, S. 261. 1921.

Die Winkelabhängigkeit der Strahlung muß bei Integration der Formel $2\pi\,df\,dt\int E_\varphi\cos\varphi\sin\varphi\,d\varphi$ (vgl. Ziff. 9) berücksichtigt werden. Die Gleichung für das Gesamtemissionsvermögen lautet dementsprechend:

$$e_g = \frac{2\int\limits_0^\infty\int\limits_0^{\frac{\pi}{2}} E_{\varphi\lambda}\cos\varphi\sin\varphi\,d\lambda\,d\varphi}{S} = \frac{\int\limits_0^\infty\int\limits_0^1 E_{\varphi\lambda}\,d\lambda\,d\sin^2\varphi}{S}.$$

Hierin ist $S = \sigma T^4$ die Gesamtstrahlung des schwarzen Körpers. Die Abhängigkeit von $E_{\lambda\varphi}$ vom Winkel ist aus der Fresnelschen Formel für die Abhängigkeit des Reflexionsvermögens vom Winkel zu berechnen. Für ein Metall, das nach der Maxwellschen Theorie einen komplexen Brechungsindex hat, setzen Davisson u. Weeks für das Wellenlängen-Temperaturgebiet, in dem die um 1 verminderte Dielektrizitätskonstante klein gegen $2\sigma\tau$ (σ elektrische Leitfähigkeit, τ Schwingungszeit) ist, die Dielektrizitätskonstante gleich 1. Sie erhalten dann für den komplexen Winkel χ in der Fresnelschen Formel den Ausdruck

$$\sin\chi = \frac{\sin\varphi}{\sqrt{1 - 2i\,\sigma\tau}} = \frac{\sin\varphi}{\sqrt{1 - 60i\,\dfrac{\lambda}{\varrho}}}.$$

Es ergibt sich dann für eine Strahlung, die unter dem Winkel φ einfällt, folgendes Amplitudenverhältnis von reflektierter zu einfallender Strahlung,

1. für die Komponente, deren elektrischer Vektor senkrecht zur Einfallsebene schwingt (a'_s und a''_s)

$$\frac{a'_s}{a''_s} = \frac{A - \cos\varphi + iB}{A + \cos\varphi + iB},$$

wenn man mit

$$A = \frac{1}{\sqrt{2}}\sqrt{\sqrt{3600\,\frac{\lambda^2}{\varrho^2} + \cos^4\varphi} + \cos^2\varphi}$$

und mit

$$B = \frac{1}{\sqrt{2}}\sqrt{\sqrt{3600\,\frac{\lambda^2}{\varrho^2} + \cos^4\varphi} - \cos^2\varphi}$$

bezeichnet.

Das Reflexionsvermögen erhält man durch Multiplikation mit der konjugiert komplexen Gleichung zu

$$R_s = \frac{(a'_s)^2}{(a''_s)^2} = \frac{\sqrt{\sqrt{3600\,\frac{\lambda^2}{\varrho^2} + \cos^4\varphi} + \cos^2\varphi - \sqrt{2}\cos\varphi}}{\sqrt{\sqrt{3600\,\frac{\lambda^2}{\varrho^2} + \cos^4\varphi} + \cos^2\varphi + \sqrt{2}\cos\varphi}}.$$

2. Für die Komponente, deren elektrischer Vektor parallel zur Einfallsebene liegt, ergibt sich $R_p = R_s\cdot D$, wenn mit D der Ausdruck

$$D = \frac{\sqrt{3600\,\frac{\lambda^2}{\varrho^2} + \cos^4\varphi} + \sin^2\varphi\,\mathrm{tg}^2\varphi - 2A\sin\varphi\,\mathrm{tg}\varphi}{\sqrt{3600\,\frac{\lambda^2}{\varrho^2} + \cos^4\varphi} + \sin^2\varphi\,\mathrm{tg}^2\varphi + 2A\sin\varphi\,\mathrm{tg}\varphi}$$

bezeichnet wird.

Das Reflexionsvermögen des unpolarisierten Strahles folgt zu

$$R_{\lambda\varphi} = \frac{R_s + R_p}{2} = R_s\cdot\frac{1 + D}{2}.$$

Wird $\varphi = 0$, fällt also das Licht senkrecht ein, so wird

$$R_0 = \frac{\sqrt{\sqrt{3600\,\dfrac{\lambda^2}{\varrho^2} + 1} + 1 - \sqrt{2}}}{\sqrt{\sqrt{3600\,\dfrac{\lambda^2}{\varrho^2} + 1} + 1 + \sqrt{2}}} \cdot$$

Das Integral für das räumliche Emissionsvermögen für einen gegebenen Wert von λ/ϱ lautet nach Einsetzen von $(E_{\lambda T})_\varphi = (1 - R_\varphi)\,(E_{\lambda T})_{\text{s.k.}}$

$$\int\limits_0^1 (1 - R_\varphi)\, d\sin^2\varphi \, .$$

DAVISSON und WEEKS berechneten mit graphischen Methoden das Verhältnis des räumlichen Emissionsvermögens (e_0) zum Emissionsvermögen senkrecht zur Fläche $(e_\perp)$ für verschiedene λ/ϱ.

Abb. 30 zeigt diese Werte. Für sehr große Werte von λ/ϱ nähert sich das Verhältnis $\frac{4}{3}$. Diesen Wert errechnete SCHMIDT[1]) mit vereinfachten Ansätzen.

Die berechneten Werte von $e_0/e_\perp$ mit gemessenen zu vergleichen ist an Hand der Beobachtungen von WORTHING[2]) und ZWIKKER[3]) an Wolfram, Molybdän und Tantal für sichtbare Strahlung bei Glühtemperatur möglich. Nach WORTHING ist das Verhältnis $e_0/e_\perp$ 1,04 für Wolfram und Tantal, 1,06 für Molybdän. Die theoretischen Werte liegen für Wellenlänge von 5,5 bis $6,6 \cdot 10^{-5}$ cm bei 1,04—1,05.

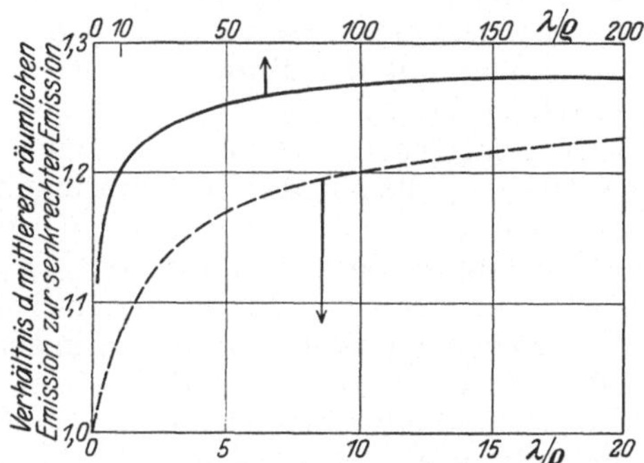

Abb. 30. Werte des Verhältnisses räumlicher zu senkrechter Strahlung bei Berechnung der Gesamtstrahlung nach der MAXWELLschen Theorie in Abhängigkeit von λ/ϱ nach DAVISSON und WEEKS 1924.

DAVISSON und WEEKS fanden, daß die empirische Formel

$$\frac{e_0}{e_\perp} = 1 + 0{,}305\, e^{-1{,}3368\,(\varrho/\lambda)^{\frac{1}{2}}}$$

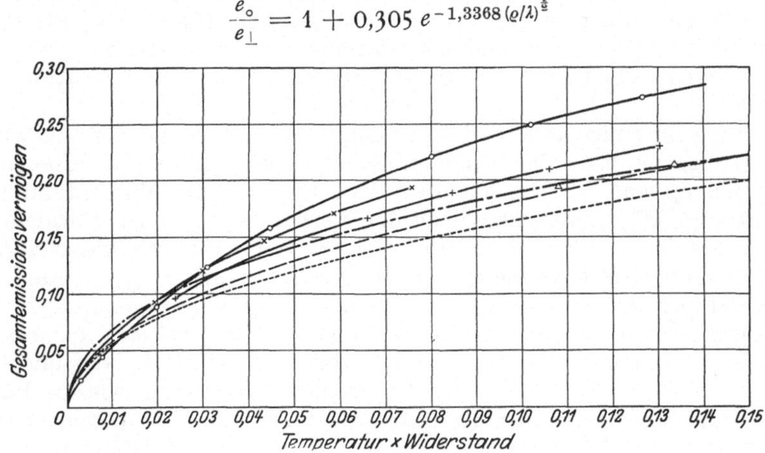

Abb. 31. Gesamtemissionsvermögen nach der MAXWELLschen Theorie berechnet nach den Formeln von — — — — ASCHKINASS　　— — — — — DAVISSON u. WEEKS　　- - - - - - - - FOOTE über Temperatur mal Widerstand (Temp. ° abs., Widerstand Ohm pro cm Würfel)
o　gemessene Werte für Wolfram,　　△　gemessene Werte für Tantal,
+　„　　„　„ Molybdän,　　×　„　　„　„ Platin.

<hr>

[1]) E. SCHMIDT, l. c. S. 204.　　　[2]) A. G. WORTHING, l. c. S. 205.　　　[3]) C. ZWIKKER, l. c. S. 194.

die Abhängigkeit zwischen $e_0/e_\perp$ und λ/ϱ gut wiedergibt. Mit diesem Ansatz lösten sie dann das Integral für die Gesamtstrahlung und erhielten folgenden Ausdruck für das räumliche Gesamtemissionsvermögen

$$e_g = 0,8992 \left(\frac{T \cdot \varrho}{c_2}\right)^{\frac{1}{2}} - 0,9047 \left(\frac{T \cdot \varrho}{c_2}\right) + 1,149 \left(\frac{T \cdot \varrho}{c_2}\right)^{\frac{3}{2}} - 1,245 \left(\frac{T \cdot \varrho}{c_2}\right)^{2} \cdots$$

Wie weit für gegebene $\varrho \cdot T$ das nach der Aschkinassschen und der Foote-schen Formel berechnete Emissionsvermögen in senkrechter Richtung von dem Gesamtemissionsvermögen abweicht, zeigt Abb. 31.

19. Vergleich zwischen gemessenen und berechneten Werten der Gesamtstrahlung. Wie die Messungen des spektralen Emissionsvermögens von Hagen und Rubens[1] zeigten, gilt die Drude-Plancksche Beziehung zwischen Emissionsvermögen und Widerstand nur im langwelligen Ultrarot, im kurzwelligen Gebiet sind bei Zimmertemperatur die Emissionsvermögen im allgemeinen größer als die theoretisch berechneten (vgl. Abb. 19—29). Der Anstieg des Emissionsvermögens mit der Temperatur ist auch in diesem Gebiet nicht immer richtig durch die Theorie gegeben. Es ist deshalb keine gute Übereinstimmung zwischen den gemessenen und den berechneten Werten der Gesamtstrahlung zu erwarten, vor allem in den Temperaturgebieten, in denen die kurzwelligere Strahlung beträchtlich zur Gesamtstrahlung beiträgt. In welchen Wellenlängenbereichen der Hauptteil der Strahlung liegt, ist für die Strahlung des schwarzen Körpers aus Abb. 9 und 10 (Ziff. 8) zu ersehen. Aschkinass[2] verwandte zur Prüfung der errechneten Werte die an Platin gemessenen Werte von Lummer und Prings-heim[3] und Lummer und Kurlbaum[4]. Foote[5] verwandte seine eigenen Messungen am Platin, die sich auf die räumliche Gesamtstrahlung beziehen. Davissons und Weeks[6] maßen gleichfalls die räumliche Gesamtstrahlung des Platins. Nach Foote ist die Übereinstimmung zwischen gemessenen und errechneten Werten gut. Davisson und Weeks' Ergebnisse ließen sich nicht durch die errechnete Formel wiedergeben. In dem Temperaturgebiet um $700°$ abs. ist der Wert der errechneten und gemessenen Strahlung gleich. Unterhalb von $700°$ abs. sind die errechneten Werte größer als die experimentell bestimmten. Oberhalb von $700°$ sind die gemessenen Werte größer als die errechneten (vgl. Abb. 31). Da bei Platin die von der Drude-Planckschen Beziehung geforderte Temperaturabhängigkeit bereits im langwelligen Gebiet nicht erfüllt ist (vgl. Ziff. 15), so sind die Abweichungen erklärlich.

Um auch für einige andere Strahler den theoretischen aus der Maxwellschen Theorie gefolgerten Wert des Gesamtemissionsvermögens mit gemessenen Werten zu vergleichen, sind in Abb. 31 über dem Produkt aus Widerstand und abs. Temperatur $(\varrho \cdot T)$, außer den nach den vorher angegebenen Formeln berechneten Werten für das Emissionsvermögen die Werte für Wolfram, Tantal und Molybdän nach den Messungen von Worthing[7] eingetragen. Aus Tabelle 5 sind die Temperaturen, die zu den einzelnen $T \cdot \varrho$-Werten gehören, zu ersehen. Für Tantal, für das nur Werte bei hohen Temperaturen gemessen sind, ist das Gesamtemissionsvermögen angenähert gleich dem berechneten. Für Wolfram und Molybdän ergibt sich ein ähnliches Verhalten wie für Platin; für Wolfram sind für Temperaturen unterhalb $1000°$ abs. die gemessenen Werte

[1] E. Hagen u. H. Rubens, l. c. S. 208.
[2] E. Aschkinass, l. c. S. 216.
[3] O. Lummer u. P. Pringsheim, Verh. d. D. Phys. Ges. Bd. 1, S. 215. 1899.
[4] O. Lummer u. F. Kurlbaum, Verh. d. D. Phys. Ges. Bd. 17, S. 106. 1898.
[5] P. D. Foote, l. c. S. 217.   [6] C. Davisson u. H. R. Weeks, l. c. S. 217.
[7] A. G. Worthing, l. c. S. 205.

kleiner, oberhalb größer als die berechneten. Für Molybdän liegt der Schnitt bei 1225° abs.

Tabelle 5. **Produkt aus spezifischem Widerstand und Temperatur für verschiedene Temperaturen für Wolfram, Molybdän, Tantal und Platin.**

T ° abs.	$T \cdot \varrho$ in $\Omega \cdot$ cm $\cdot$ Grad für			
	Wolfram	Molybdän	Tantal	Platin
300	$0,17 \cdot 10^{-2}$			$3,29 \cdot 10^{-2}$
400	$0,32 \cdot 10^{-2}$			$5,89 \cdot 10^{-2}$
600	$0,79 \cdot 10^{-2}$			$13,2 \ \cdot 10^{-2}$
800	$1,52 \cdot 10^{-2}$			$23,1 \ \cdot 10^{-2}$
1000	$2,49 \cdot 10^{-2}$	$2,39 \cdot 10^{-2}$		$35,3 \ \cdot 10^{-2}$
1200	$3,72 \cdot 10^{-2}$	$3,54 \cdot 10^{-2}$		$49,4 \ \cdot 10^{-2}$
1400	$5,21 \cdot 10^{-2}$	$4,93 \cdot 10^{-2}$		$65,35 \cdot 10^{-2}$
1600	$6,97 \cdot 10^{-2}$	$6,58 \cdot 10^{-2}$	$10,8 \cdot 10^{-2}$	
1800	$9,01 \cdot 10^{-2}$	$8,46 \cdot 10^{-2}$	$13,3 \cdot 10^{-2}$	
2000	$11,3 \ \cdot 10^{-2}$	$10,6 \ \cdot 10^{-2}$	$16,1 \cdot 10^{-2}$	
2200	$14,0 \ \cdot 10^{-2}$	$13,0 \ \cdot 10^{-2}$	$19,1 \cdot 10^{-2}$	

20. Messungen des Gesamtemissionsvermögens[1]) und des spektralen Emissionsvermögens in Abhängigkeit von der Temperatur.

Zum Teil werden Gleichungen, die analog denen für die Strahlung des schwarzen Körpers sind, zur Darstellung der experimentell gefundenen Werte der Strahlung der Metalle benutzt. In die Gesetz-

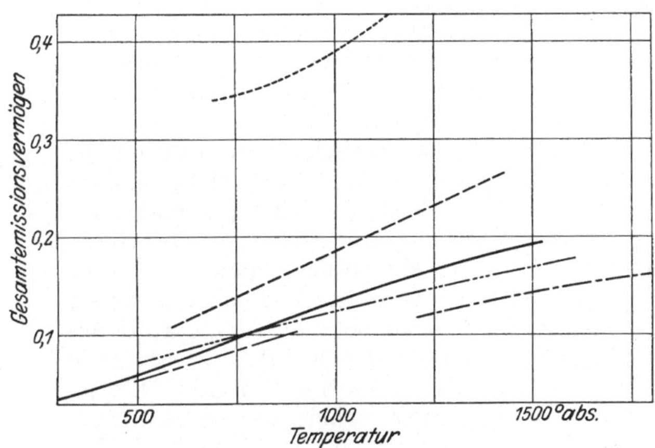

Abb. 32. Gesamtemissionsvermögen von Platin, bezogen auf die Strahlung senkrecht zur Fläche
————·————·—— nach SCHMIDT u. FURTHMANN 1928,
————·————·—— „ FOOTE 1915,
—————————— „ KAHANOWICZ 1921/22;
bezogen auf die räumliche Strahlung:
————·····————·····—— nach GEISS 1925,
———————————— „ DAVISSON u. WEEKS 1924,
············· „ SUYDAM 1915.

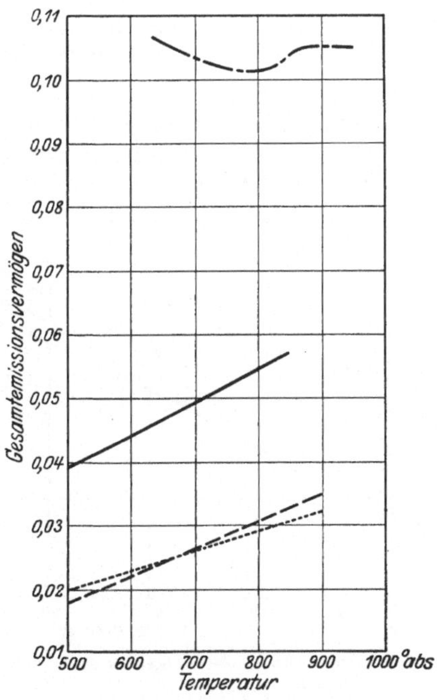

Abb. 33. Gesamtemissionsvermögen bezogen auf die Richtung senkrecht zur Oberfläche.
———————— Aluminium] nach H. SCHMIDT
———— Gold } u. FURTHMANN
········ Silber J 1928.
Bezogen auf die räumliche Strahlung:
————·————·— Silber nach SUYDAM 1915.

[1]) In der technischen Literatur wird nicht das Emissionsvermögen für die Gesamtstrahlung, sondern die sog. Strahlungszahl C angegeben. Es ist dies die Konstante, mit der man $\left(\dfrac{T}{100}\right)^4$ multiplizieren muß, um die pro m² ausgestrahlte Leistung zu erhalten. Für den schwarzen Körper ergibt sich also die Konstante der Gleichung $S = C\left(\dfrac{T}{100}\right)^4$ zu $C = 5{,}76$ Watt m^{-2} Grad^{-4}.

mäßigkeit für die Gesamtstrahlung geht dann die Temperatur mit einer höheren Potenz als der vierten ein. Die Gesamtemissionsvermögen werden meist mit wachsender Temperatur größer. Die Werte für e_g sind in Abb. 32 für Platin, 33 für

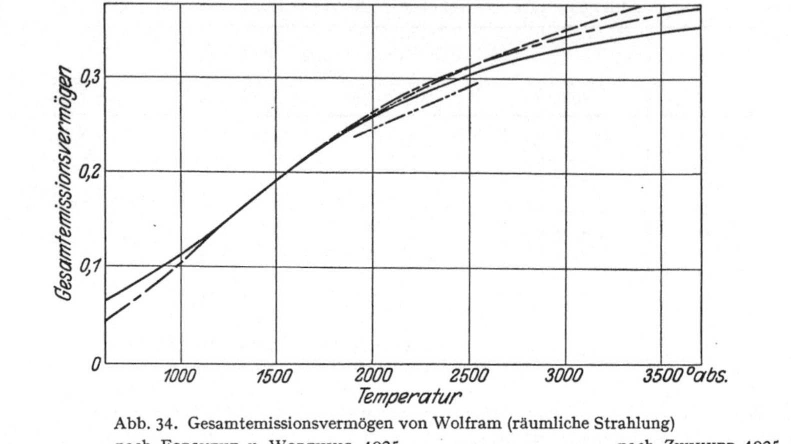

Abb. 34. Gesamtemissionsvermögen von Wolfram (räumliche Strahlung)
——————— nach Forsythe u. Worthing 1925   — — — — — — — nach Zwikker 1925
— — — — — — ,, Langmuir 1915   — ·· — ·· — ,, Lax u. Pirani 1924

Gold, Silber und Aluminium, 34 für Wolfram, 35 für Molybdän, Tantal und Zirkon in Abhängigkeit von der Temperatur aufgetragen. An Platin sind wie in Abb. 32 angegeben, sowohl Werte für das räumliche Emissionsvermögen, wie

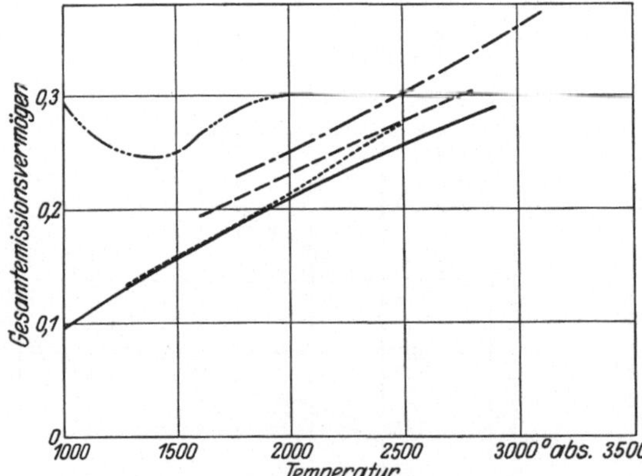

Abb. 35. Emissionsvermögen für die räumliche Gesamtstrahlung von Molybdän, Tantal und Zirkon in Abhängigkeit von der Temperatur.
· · · · · · · · · · Molybdän nach Zwikker   1927,
———————   ,,   ,,   Worthing   1926,
— — — — —   Tantal   ,,   Worthing   1926,
— · — · —   ,,   ,,   Pirani   1912,
— ·· — ·· —   Zirkon   ,,   Zwikker   1928.

für das in senkrechter Richtung gemessen worden. Abgesehen von den stark herausfallenden Werten von Kahanowicz und Suydam, ergeben alle Einzelmessungen, daß $e_0 > e_\perp$ ist.

Die Emissionsvermögen für die einzelnen Spektralbereiche ändern sich gleichfalls mit der Temperatur. Im sichtbaren Gebiet ist die Änderung sehr gering. Häufig geben die Werte der einzelnen Beobachter einen entgegengesetzten Temperaturkoeffizienten. Es sind Beispiele dafür in den Tabellen 6 u. 7 und in Abb. 36, die einer Arbeit von Worthing[1]) entnommenen sind, angeführt. Tabelle 6 gibt die Werte der von verschiedenen Beobachtern bei Zimmertemperatur und Glühtemperatur gemessenen Emissionsvermögen im sichtbaren Gebiet für Gold, Tabelle 7 die gleichen Werte für Nickel wieder. Abb. 36 gibt für Platin die Abhängigkeit des Emissionsvermögens von der Temperatur für rotes Licht. Man hat infolge der Verschiedenheit der gefundenen Abhängigkeit früher fast allgemein angenommen, daß im sichtbaren Gebiet das Emissionsvermögen mit der Temperatur unveränderlich sei. Neue Untersuchungen

---

1) A. G. Worthing, Phys. Rev. Bd. 28, S. 174. 1926.

haben eindeutig erwiesen, daß auch im sichtbaren Gebiet Änderungen des Emissionsvermögen mit der Temperatur auftreten. Nach den Messungen von

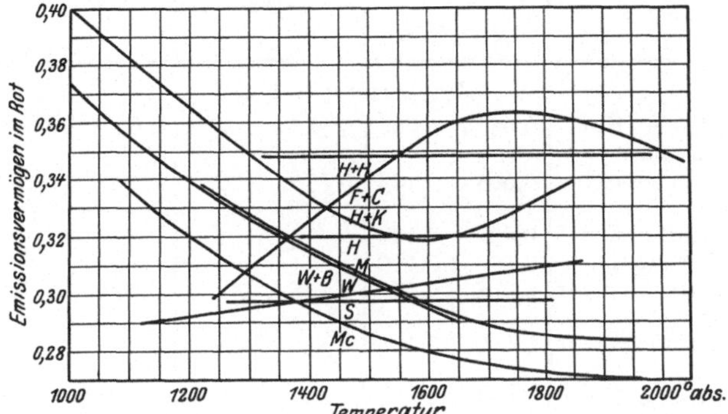

Abb. 36. Abhängigkeit des Emissionsvermögens von Platin für rotes Licht von der Temperatur nach verschiedenen Beobachtern.

Kurve	Beobachter	Jahr	Wellenlänge
H. u. K.	HOLBORN u. KURLBAUM	1903	$6{,}5 \cdot 10^{-5}$ cm]
W. u. B.	WAIDNER u. BURGESS	1907	$6{,}6 \cdot 10^{-5}$ cm
F. u. C.	FÉRY u. CHENEVEAU	1909	$6{,}29 \cdot 10^{-5}$ cm
H	HENNING	1910	interpoliert aus Messung für 6,8 u. $6{,}27 \cdot 10^{-5}$ cm
M	MENDENHALL	1911	$6{,}58 \cdot 10^{-5}$ cm
Mc	MC CAULEY	1913	$6{,}58 \cdot 10^{-5}$ cm
S	SPENCE	1913	$6{,}58 \cdot 10^{-5}$ cm
H. u. H.	HENNING u. HEUSE	1923	$6{,}47 \cdot 10^{-5}$ cm
W	WORTHING	1925	$6{,}65 \cdot 10^{-5}$ cm

WORTHING[1]) an Platin steigt das Emissionsvermögen für rotes Licht mit der Temperatur an (die Einzelmessungen zeigen sehr erhebliche Streuungen). Auch die älteren Messungen von BURGESS[2]) geben einen Anstieg für rotes, für

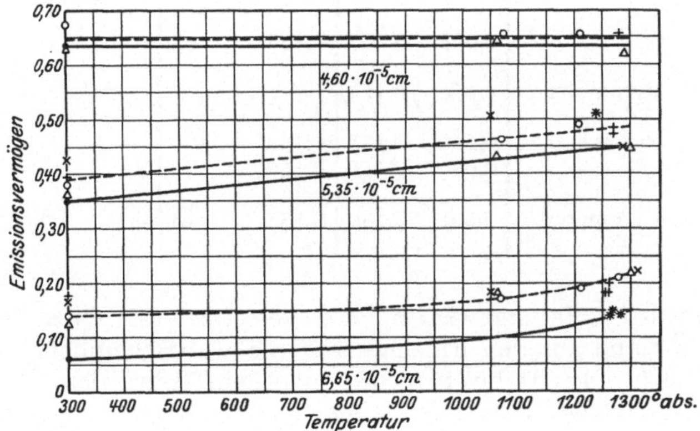

Abb. 37. Abhängigkeit des Emissionsvermögens von Gold für die Wellenlängen $4{,}60 \cdot 10^{-5}$ cm, $5{,}35 \cdot 10^{-5}$ cm und $6{,}65 \cdot 10^{-5}$ cm von der Temperatur nach Messungen von WORTHING 1926.

* Werte bei Beobachtung eines Goldrohres mit Loch.
× ⊙ + △ Reflexionsmessung an poliertem Goldband, bei dem Kristallgrenzen beim Erhitzen herauskamen.
• Mittelwerte der Reflexionsmessungen an hochglanzpolierten Goldbändern.
– – – – Experimentelle Mittelwertskurve für × ⊙ + △.   ——— Extrapolierte wahre Werte.

blaues und für grünes Licht. Für Gold steigt das Emissionsvermögen nach den Messungen von WORTHING für rotes Licht und für grünes Licht mit der Temperatur an, bleibt aber für die Wellenlänge $4{,}60 \cdot 10^{-5}$ cm konstant. Abb. 37 zeigt

---

[1]) A. G. WORTHING, l. c. S. 222.
[2]) G. K. BURGESS, l. c. Ziff. 5.

Tabelle 6. Veröffentlichte Daten über das spektrale Emissionsvermögen von Gold im sichtbaren Gebiet.

Beobachter	Methode	Rot		Grün		Blau		Bemerkungen
		λ	e_λ	λ	e_λ	λ	e_λ	
		Zimmertemperatur.						
Quincke[1] (1874)	Optische Konstanten	0,65 μ	0,086	0,525 μ	0,293	0,450 μ	0,652	
Rubens[2] (1889)	Bolometrisch	0,665	0,128	0,535	0,335	0,460	0,566	Werte aus der ausgeglichen. Kurve
Drude[3] (1890)	Optische Konstanten	0,63	0,105	—	—	—	—	
		0,59	0,149	—	—	—	—	
Hagen u. Rubens[4] (1902)	Thermoelement	0,665	0,098	0,535	0,330	0,460	0,650	desgl.
Hagen u. Rubens[4] (1903)	Thermoelement	0,650	0,108	—	—	—	—	
Meier[5] (1910)	Optische Konstanten	0,665	0,120	0,535	0,335	0,460	0,565	desgl.
Tool[6] (1910)	Optische Konstanten	0,665	0,082	0,535	0,315	0,460	0,640	desgl.
Tate[7] (1912)	Photometrisch, Optische Konstanten	0,665	0,160	0,535	0,395	0,460	0,635	desgl.
Försterling u. Fréedericksz[8] (1913)	Optische Konstanten	0,67	0,045	—	—	—	—	
Worthing[9] (1926)	Pyrometer	0,665	0,062	0,535	0,352	0,460	0,635	
Pfestorf[10] (1926)	Optische Konstanten	—	—	0,546	0,153	0,436	0,585	
		Glühtemperatur.						
Stubbs u. Prideaux[11] (1912)	Photometrisch	0,665 μ	0,120	0,535 μ	0,410	0,495 μ	0,531	fest, dicht unter dem Schmelzpunkt
		0,665	0,208	0,535	0,405	0,495	0,473	flüssig, gerade über dem Schmelzpunkt
Bidwell[12] (1914)	Pyrometer	0,660	0,125	—	—	—	—	fest u. flüssig nahe dem Schmelzpunkt
Burgess u. Waltenberg[13] (1914)	Pyrometer	0,650	0,145	0,550	0,38	—	—	fest bei 1275° abs.
		0,650	0,219	0,550	0,38	—	—	flüssig beim Schmelzpunkt
Worthing[9] (1926)	Pyrometer	0,665	0,140	0,535	0,448	0,460	0,632	fest bei 1275° abs.

die Meßergebnisse. Es sind Goldbänder verschiedener Oberflächenbeschaffenheit untersucht und aus den Einzelwerten die wahrscheinlichen Mittelwerte für eine hochpolierte Oberfläche berechnet worden. Für Nickel bleibt das Emis-

[1]) G. Quincke, Ann. d. Phys. Bd. 1, S. 336. 1874.
[2]) H. Rubens, Ann. d. Phys. Bd. 37, S. 249. 1889.
[3]) P. Drude, Ann. d. Phys. Bd. 39, S. 481. 1890.
[4]) E. Hagen u. H. Rubens, Ann. d. Phys. Bd. 8, S. 1. 1902; Bd. 11, S. 873. 1903.
[5]) W. Meier, Ann. d. Phys. Bd. 31, S. 1017. 1910.
[6]) A. G. Tool, Phys. Rev. Bd. 31, S. 1. 1910.
[7]) J. T. Tate, Phys. Rev. Bd. 34, S. 321. 1912.
[8]) K. Försterling u. V. Fréedericksz, Ann. d. Phys. Bd. 40, S. 201. 1913.
[9]) A. G. Worthing, Phys. Rev. Bd. 28, S. 174. 1926.
[10]) G. Pfestorf, Ann. d. Phys. Bd. 81, S. 906. 1926.
[11]) C. M. Stubbs u. E. B. R. Prideaux, Proc. Roy. Soc. London (A) Bd. 87, S. 451. 1912.
[12]) C. Bidwell, Phys. Rev. Bd. 3, S. 439. 1914.
[13]) G. K. Burgess u. R. G. Waltenberg, Bull. Bur. of Stand. Bd. 11, S. 591. 1914.

Tabelle 7. Veröffentlichte Daten über das spektrale Emissionsvermögen von
Nickel im sichtbaren Gebiet.

Beobachter	Methode	Rot		Grün		Blau		Bemerkungen
		λ	e_λ	λ	e_λ	λ	e_λ	
				Zimmertemperatur.				
QUINCKE[1] (1874)	Optische Konstanten	$0,650\,\mu$	0,336	$0,525\,\mu$	0,396	$0,450\,\mu$	0,437	
RUBENS[2] (1889)	Bolometrisch	0,665	0,340	0,535	0,385	0,460	0,390	Werte aus der ausgeglichen. Kurve
DRUDE[3] (1890)	Optische Konstanten	0,63	0,363	0,59	0,380	—	—	
HAGEN u. RUBENS[4] (1902)	Thermoelement	0,665	0,326	0,535	0,380	0,460	0,408	desgl.
HAGEN u. RUBENS[4] (1903)	Thermoelement	0,65	0,328	—	—	—	—	
BERNOULLI[5] (1909)	Optische Konstanten	—	—	0,535	0,365	0,460	0,378	desgl.
HENNING[6] (1910)	Spektropyrometer	0,665	0,365	0,535	0,430	—	—	desgl.
MEIER[7] (1910)	Optische Konstanten	0,665	0,318	0,535	0,367	0,460	0,413	desgl.
TOOL[8] (1910)	Optische Konstanten	0,665	0,333	0,535	0,383	0,460	0,430	desgl.
INGERSOLL[9] (1910)	Optische Konstanten	0,65	0,322	—	—	—	—	
Bureau Standards[10] (1921)		0,665	0,340	0,535	0,377	—	—	desgl.
WORTHING[11] (1926)	Pyrometer	0,665	0,375	—	—	0,460	0,450	desgl.
PFESTORF[12] (1926)	Optische Konstanten	—	—	0,546	0,366	0,436	0,46	
				Glühtemperatur.				
BIDWELL[13] (1914)	Pyrometer	$0,660\,\mu$	0,250	—	—	—	—	$T = 1200°$ abs. (fest)
		0,660	0,215	—	—	—	—	$T = 1700°$ abs. (fest)
		0,660	0,215	—	—	—	—	Flüssig beim Schmelzpunkt
WORTHING (1925)	Pyrometer	0,665	0,375	0,535	0,425	0,460	0,450	$1200°$ abs. $< T < 1650°$ abs.

sionsvermögen für $\lambda = 6,65 \cdot 10^{-5}$ cm und für $4,6 \cdot 10^{-5}$ cm (Tabelle 7) konstant.
Für Wolfram, Molybdän und Tantal fällt das Emissionsvermögen mit steigender
Temperatur im Rot und Blau ab; Abb. 38 gibt die Messungen von FORSYTHE

---

[1] G. QUINCKE, Ann. d. Phys. Bd. 1, S. 336. 1874.
[2] H. RUBENS, Ann. d. Phys. Bd. 37, S. 249. 1889.
[3] P. DRUDE, Ann. d. Phys. Bd. 39, S. 481. 1890.
[4] E. HAGEN u. H. RUBENS, Ann. d. Phys. Bd. 8, S. 1. 1902; Bd. 11, S. 873. 1903.
[5] A. L. BERNOULLI, Ann. d. Phys. Bd. 29, S. 585. 1909.
[6] F. HENNING, ZS. f. Instrkde. Bd. 30, S. 61. 1910.
[7] W. MEIER, Ann. d. Phys. Bd. 31, S. 1017. 1910.
[8] A. Q. TOOL, Phys. Rev. Bd. 31, S. 1. 1910.
[9] L. R. INGERSOLL, Astrophys. Journ. Bd. 32, S. 265. 1910.
[10] Bureau of Standards, Chem. Met. Eng. Bd. 24, S. 73. 1921.
[11] A. G. WORTHING, Phys. Rev. Bd. 28, S. 174. 1926.
[12] G. PFESTORF, Ann. d. Phys. Bd. 81, S. 906. 1926.
[13] C. BIDWELL, Phys. Rev. Bd. 3, S. 439. 1914.

und Worthing[1]), Worthing[2] und Zwikker[3]) wieder. Die Änderung des Emissionsvermögens von Silber und Nickel mit der Temperatur für Wellenlängen im

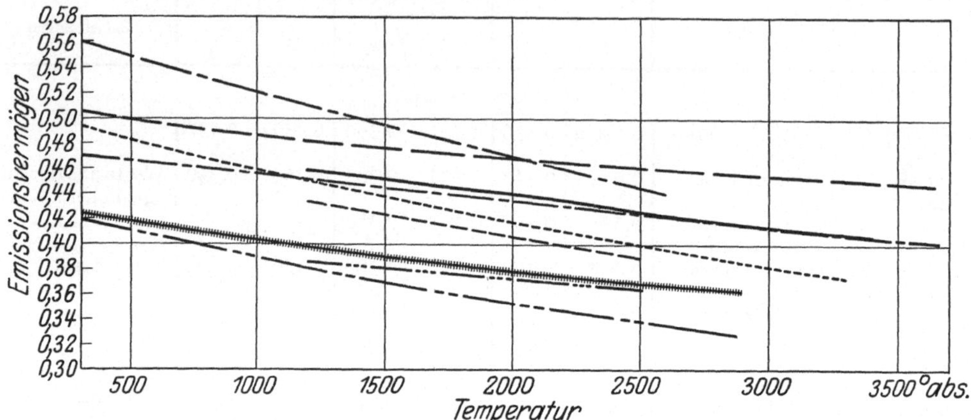

Abb. 38. Emissionsvermögen von Wolfram, Molybdän und Tantal in Abhängigkeit von der Temperatur für rotes, grünes und blaues Licht.

Kurve	Material	Wellenlänge	Beobachter
	Wolfram	$6,65 \cdot 10^{-5}$ cm	Forsythe u. Worthing 1925
	,,	$6,65 \cdot 10^{-5}$ cm	Zwikker 1925
	,,	$4,67 \cdot 10^{-5}$ cm	Forsythe u. Worthing 1925
	Molybdän	$6,65 \cdot 10^{-5}$ cm	Worthing 1926
	,,	$6,52 \cdot 10^{-5}$ cm	Zwikker 1927
	,,	$5,41 \cdot 10^{-5}$ cm	,,
	,,	$4,75 \cdot 10^{-5}$ cm	Worthing 1926
	Tantal	$6,65 \cdot 10^{-5}$ cm	,,
	,,	$4,63 \cdot 10^{-5}$ cm	,,

Ultrarot ist bereits in Ziff. 15, Abb. 15 u. 16 angegeben. In Abb. 39 ist eine Übersicht über die Änderung des Emissionsvermögens von Wolfram gegeben.

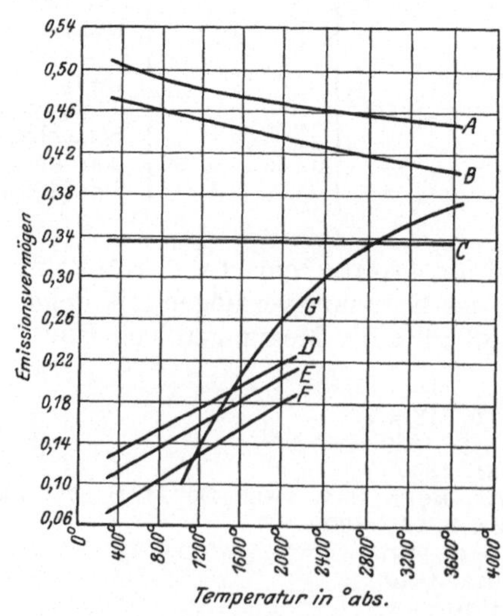

Abb. 39. Emissionsvermögen von Wolfram für verschiedene Wellenlängen nach Messungen von Forsythe u. Worthing (1925) und von Weniger u. Pfund (1919).

Kurve A für $\lambda = 4,67 \cdot 10^{-5}$ cm
,, B ,, $\lambda = 6,65 \cdot 10^{-5}$ cm
,, C ,, $\lambda = 12,7 \cdot 10^{-5}$ cm
,, D ,, $\lambda = 19 \cdot 10^{-5}$ cm
,, E ,, $\lambda = 20 \cdot 10^{-5}$ cm
,, F ,, $\lambda = 29 \cdot 10^{-5}$ cm
,, G für Gesamtstrahlung.

[1]) W. E. Forsythe u. A. G. Worthing, Astrophys. Journ. Bd. 61, S. 146. 1925.
[2]) A. G. Worthing, Phys. Rev. Bd. 28, S. 190. 1926.
[3]) C. Zwikker, Dissert. Amsterdam; Arch. Néerland. (IIIA) Äd. 9, S. 207. 1925; Physica Bd. 7, S. 71. 1927.

Die Werte im Ultrarot wurden aus der von WENIGER und PFUND[1]) gemessenen Änderung des Reflexionsvermögens mit Hilfe der von FORSYTHE und WORTHING[2]) angegebenen Werte des Emissionsvermögens berechnet.

21. Empirisch aufgestellte Gesetze für die Strahlung metallischer Oberflächen. Um den veränderlichen Emissionsvermögen für die Gesamtstrahlung Rechnung zu tragen, hat man versucht, die Abhängigkeit der Gesamtemission von der Temperatur durch eine Beziehung, in der die Potenz, mit der die Temperatur eingeht, größer als 4 ist, darzustellen. Die allgemeinste Form der Gesamtstrahlungsgleichung ist

$$S = A \cdot T^n.$$

A und n können entweder als Konstante betrachtet oder beide können als Temperaturfunktion aufgefaßt werden. Nimmt man n und A als unabhängig von der Temperatur an, so ist die Beziehung zwischen den Logarithmen von S und T eine gerade Linie. Es ist

$$\log S = \log A + n \log T.$$

Eine Darstellung der Messungen der Gesamtstrahlung von Platin, Tantal und Wolfram in dieser Form gab PIRANI[3]). Wieweit diese Beziehung die Versuchsergebnisse wiedergibt, zeigt Abb. 40 für Platin, Silber und Nickel, Abb. 41 für Wolfram, Eisen und Kohle, Abb. 42 für Molybdän, Tantal und Zirkon. Abweichungen zeigen sich vor allem bei Zirkon und Wolfram. Zieht man die sich am besten anpassenden Geraden, so ergeben sich die in Tabelle 9 angegebenen Werte für n und A. Ist n größer als 4, so kann die Gleichung nur für ein begrenztes Temperaturintervall zu Recht bestehen, da bei höheren Temperaturen schließlich der Punkt erreicht wird, an dem die nach einer solchen Formel berechneten Werte der Strahlung höher als die für den schwarzen Körper sein würden. Es muß deshalb n allmählich sinken.

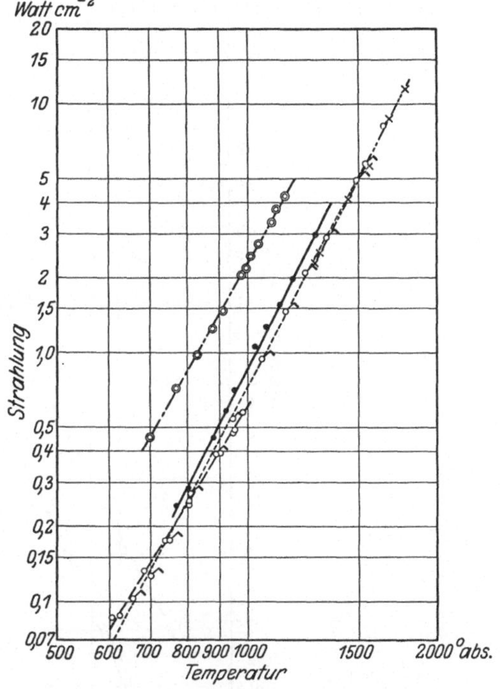

Abb. 40. Abhängigkeit der Gesamtstrahlung von der Temperatur.

Kurve	Material	Beobachter
------O	Silber	SUYDAM 1915
———— •	Nickel	„ „
- - - - - -×	Platin	LUMMER 1913
·············♂	„	GEISS 1925
- - - - -◎	„	SUYDAM 1915

Die entsprechende Formel für die spektrale Strahlung lautet:

$$E_{\lambda T} = \frac{b_1}{\lambda^{n+1}} \cdot \frac{1}{e^{\frac{b_2}{\lambda T}} - 1}.$$

Aus dieser Gleichung folgt für die Abhängigkeit der Wellenlänge des Intensitätsmaximums von der Temperatur

$$\lambda_m \cdot T = \frac{b_2}{n+1}.$$

---

[1]) W. WENIGER u. A. H. PFUND, Phys. Rev. Bd. 14, S. 427. 1919.
[2]) W. E. FORSYTHE u. A. G. WORTHING, l. c. S. 226.
[3]) M. PIRANI, l. c. S. 196, Anm. 4.

Das Absinken von n beobachtete Coblentz[1]) für Platin bei seinen Strahlungs-messungen im Wellenlängenbereich von $5,9 \cdot 10^{-5}$ bis $75,5 \cdot 10^{-5}$ cm. Er fand, daß für $T = 1073°$ abs. $n = 5,5$ und für $T = 1873°$ abs. $n = 4,5$ war. Die

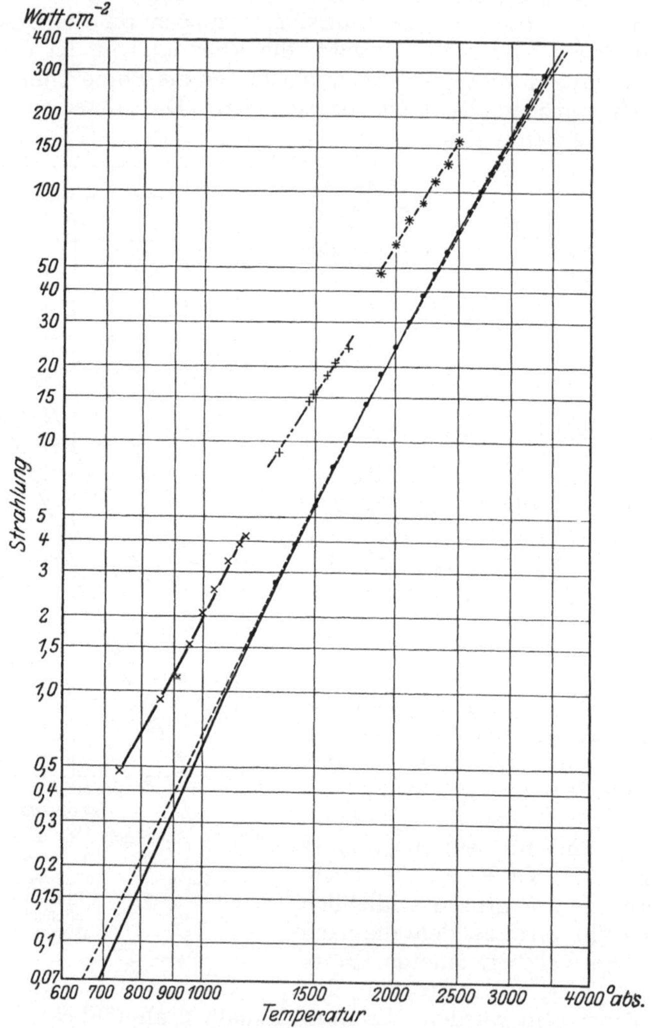

Abb. 41. Abhängigkeit der Gesamtstrahlung von der Temperatur.

Kurve	Material	Beobachter
– – – – – – –	Wolfram	Forsythe u. Worthing 1925
— — — — – .	,,	Zwikker 1925
———————	,,	Jones u. Langmuir 1927
———————×	Eisen	A. R. Meyer 1911
— · · — — · · +	Kohle	Lummer 1916
– – – – – – ＊	,,	Pirani u. A. R. Meyer. 1915

Formel für die Intensität in den einzelnen Wellenlängenbereichen gibt nach den Messungen von Paschen[2]) an Platin und Oxyden den Gang des Emissions-vermögens mit der Wellenlänge gut wieder. Nach den Untersuchungen von

---

1) W. W. Coblentz, Bull. Bureau of Stand. Bd. 8, S. 81. 1912.
2) F. Paschen, Ann. d. Phys. Bd. 49, S. 50. 1893.

COBLENTZ an Platin stimmt sie nicht für alle Wellenlängen. Bei $30 \cdot 10^{-5}$ cm sind die beobachteten Werte kleiner, bei 50 bis $60 \cdot 10^{-5}$ cm größer als die mit den Konstanten, die sich aus den Messungen bei den anderen Wellenlängen ergeben, berechneten. Den Wert von $\lambda_m \cdot T$ berechneten LUMMER und PRINGSHEIM[1] aus ihren Messungen an Platin (Kastenthermoelementmethode) zu 0,2630 cm · Grad. COBLENTZ[2] fand eine Veränderung der Werte von $\lambda_m \cdot T$ mit der Temperatur, die er durch die Formel

$$\lambda_m \cdot T = 2530 + 0,26\,(T - 1273)$$

für die Messungen an dem Platinkasten und durch die Formel

$$\lambda_m \cdot T = 2490 + 0,26\,(T - 1273)$$

für die Messungen an einer nach MENDENHALL geformten Falte aus Platinband wiedergibt. MC CAULY[3] konnte seine Messungen der spektralen Strahlung im Gebiet von $\lambda = 5$ bis $\lambda = 50 \cdot 10^{-5}$ cm an Tantal, Platin und Palladium im Temperaturintervall von 1000° abs. bis zu den entsprechenden Schmelzpunkten durch keine einheitliche Spektralformel wiedergeben. Für $\lambda_m \cdot T$ findet er für:

Ta bei 1200° abs. 0,2510 bei 3000° abs. 0,3285
Pt ,, 1100° abs. 0,2390 ,, 2000° abs. 0,2770
Pd ,, 1000° abs. 0,2510 ,, 1600° abs. 0,2730

Nimmt man n und A als variabel an, so kann man den Temperaturkoeffizienten $\dfrac{dS}{dT} \cdot \dfrac{T}{S}$ berechnen. Abb. 43 zeigt die Größe des Temperaturkoeffizienten bei Wolfram, Tantal und Molybdän, nach den Messungen von FORSYTHE und WORTHING[4] und von WORTHING[5]. Abb. 44 gibt die dazugehörigen Werte von A. Ferner ist versucht worden, die gemessene Abhängigkeit der Strahlung von der Temperatur durch andere, kompliziertere Formeln darzustellen, z. B. von HELFGOTT[6] durch die Formel

$$S = \sigma T^4 \left(1 - e^{-\alpha T}\right)$$

(α ist eine Materialkonstante, σ die Konstante des STEFAN-BOLTZMANNschen Gesetzes). Das Emissionsvermögen für die Gesamtstrahlung nimmt danach mit wachsender Temperatur zu, je größer T, um so mehr gleicht sich die Strahlung der des schwarzen Körpers an. Für niedrige Temperaturen ergibt sich bei Abbrechen der Reihenentwicklung von $e^{-\alpha T}$ nach dem zweiten Gliede $S = \sigma \alpha T^5$. Um der Formel eine theoretische Deutung zu geben, machte HELFGOTT[6] die

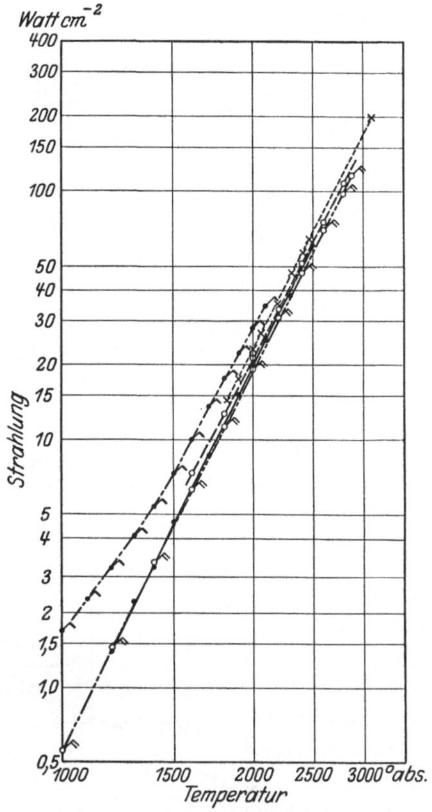

Abb. 42.   Abhängigkeit der Gesamtstrahlung von der Temperatur.

Kurve	Material	Beobachter	
– · – · – · ◢	Zirkon	ZWIKKER	1926
——————·	Molybdän	ZWIKKER	1927
– · – · – · ⚲	,,	WORTHING	1926
– – – – –○	Tantal	WORTHING	1926
·············×	,,	PIRANI u. A. R. MEYER	1915

[1]) O. LUMMER u. E. PRINGSHEIM, Verh. d. D. Phys. Ges. Bd. 1, S. 215. 1899.
[2]) W. W. COBLENTZ, l. c. S. 228.
[3]) G. V. MC CAULY, Astrophys. Journ. Bd. 37, S. 164. 1913.
[4]) FORSYTHE u. A. G. WORTHING, l. c. S. 226.
[5]) A. G. WORTHING, l. c. S. 226.
[6]) A. L. HELFGOTT, ZS. f. Phys. Bd. 49, S. 555. 1928.

Annahme, daß bei Temperaturgleichgewicht das Verhältnis zwischen strahlenden Molekülen und nichtstrahlenden konstant ist, und daß eine Temperaturänderung eine Zunahme der aktiven Atome bewirkt, die proportional der Zahl der noch

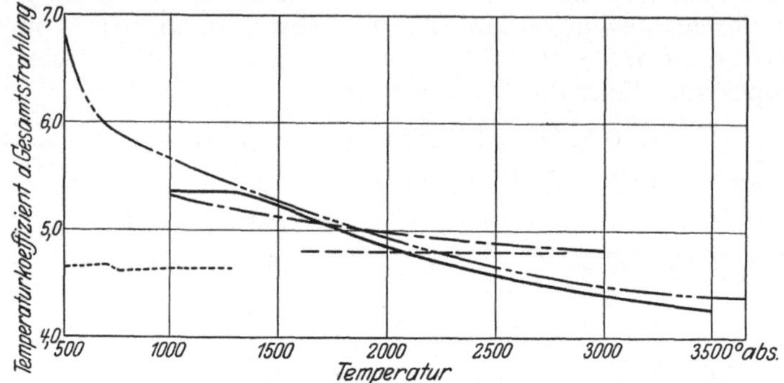

Abb. 43. Temperaturkoeffizient der Gesamtstrahlung $n = \dfrac{dS}{dT} \cdot \dfrac{T}{S}$.

Kurve	Material	Beobachter
— · — · — · —	Molybdän	WORTHING 1926
··················	Nickel	SUYDAM 1915
— — — — — —	Tantal	WORTHING 1926
————————	Wolfram	FORSYTHE u. WORTHING Astrophys. Journ. 1925
— · — · — · ·	„	JONES u. LANGMUIR. 1927

anwesenden inaktiven Atome ist. In diesem Sinne ist α die Atomaktivierungskonstante. Die Prüfung dieser Formel ergab, daß sich die Gesamtstrahlung des Platins nach den Messungen von LUMMER[1]), des Molybdäns nach ZWIKKER[2]) und

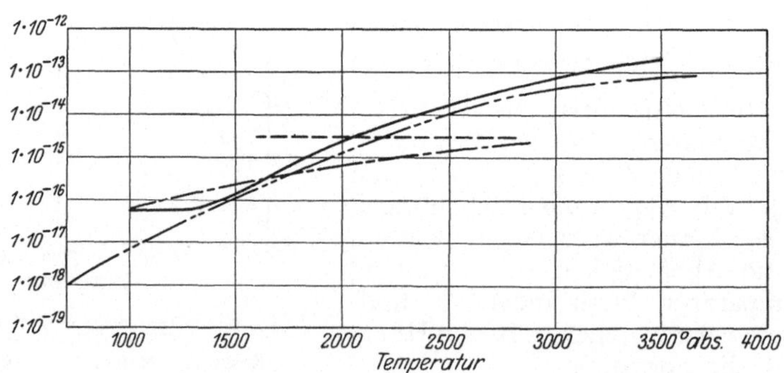

Abb. 44. Logarithmus der Werte des Strahlungsfaktors $A\,(S = A\,T^n)$ in $\dfrac{\text{Watt}}{\text{cm}^2\,\text{Grad}^4}$ für die in Abb. 43 angegebenen Werte von n in Abhängigkeit von der Temperatur.

Kurve	Material	Beobachter
— · — · — · —	Molybdän	WORTHING 1926
— — — — — —	Tantal	WORTHING 1925
————————	Wolfram	FORSYTHE u. WORTHING 1925
— · — · — · ·	„	JONES u. LANGMUIR 1297

nach WORTHING[3]), des Tantals nach WORTHING[3]), die des Silbers und Nickels nach SUYDAM[4]) und die des Wolframs nach ZWIKKER[2]) und nach FORSYTHE und WORTHING[5]) gut nach dieser Formel darstellen läßt. Für die Nichtmetalle Kohle

---

[1]) O. LUMMER, Grundlagen, Ziele und Grenzen der Leuchttechnik, Kap. 6—9. München u. Berlin 1918.
[2]) C. ZWIKKER, l. c. S. 226.   [3]) A. G. WORTHING, l. c. S. 226.
[4]) V. A. SUYDAM, Phys. Rev. Bd. 5, S. 497. 1915.
[5]) W. E. FORSYTHE und A. G. WORTHING, l. c. S. 226.

und Uranoxyd und für Legierungen (Stahl und Nichrom) versagt sie jedoch. H. SCHMIDT und FURTHMANN[1]) fanden, daß sich das Gesamtemissionsvermögen der von ihnen untersuchten Körper außer durch $S = A \cdot T^n$ (A und n konstant), auch durch eine Gleichung in der Form $S = (\alpha T + \beta) \cdot \sigma \cdot T^4$ wiedergeben läßt.

Ebenso wie für die Gesamtstrahlung sind empirische Gleichungen für die spektrale Strahlung aufgestellt worden, z. B. von LUCKIESH, HOLLADAY und TAYLOR[2]) für die spektrale Strahlung von Wolfram. Die für das Wellenlängengebiet von 3,4 bis $6{,}65 \cdot 10^{-5}$ cm aufgestellte Gleichung lautet:

$$E_{\lambda T} = \left(\frac{0.45}{\lambda^{0,2}} - \frac{25 \cdot T}{10^6} \right) c_1 \lambda^{-5} \cdot e^{-\frac{c_2}{\lambda T}}.$$

Die nach dieser Gleichung berechneten Werte stimmen mit den gemessenen für das Temperaturgebiet von 1500 bis 3500° abs. annähernd überein. Fehlerhafte Werte ergeben sich nur für $\lambda = 5{,}8 \cdot 10^{-5}$ cm.

22. Die Konstanten der empirisch aufgestellten Gesetze nach den einzelnen Beobachtern. Um die Aufzählung der Werte der Emissionsvermögen und empirischen Strahlungskonstanten möglichst kurz zu gestalten, ist hierfür Tabellenform gewählt; es ist jedes Metall, über das uns Untersuchungen entweder über größere Spektralbereiche oder über ein größeres Temperaturintervall bekannt sind, aufgeführt. Bei der Anordnung sind Gesamtstrahlung und spektrale Strahlung getrennt. Angaben über diese sind nur für Metalle, an denen das Emissionsvermögen nicht nur bei Zimmertemperatur bestimmt ist, gemacht.

Tabelle 8 enthält Angaben über das spektrale Emissionsvermögen für die Metalle Aluminium, Eisen, Gold, Kupfer, Molybdän, Nickel, Palladium, Platin, Silber, Tantal, Wolfram, Zink und Zirkon.

In der Tabelle 9 sind Werte über die Gesamtstrahlung folgender Metalle, Aluminium, Blei, Eisen, Gold, Kupfer, Molybdän, Nickel, Osmium, Platin, Silber, Tantal, Wolfram, Zink und Zirkon, aufgeführt.

In Tabelle 9 ist angegeben, welche der folgenden Formeln zur Darstellung der Meßdaten benutzt worden ist.

1. $\quad S = 0{,}573 \cdot \dfrac{\sigma}{\pi} \cdot \sqrt{\varrho}\, T^{4,5}.$

2. $\quad (e_g)_{\perp} = 0{,}573\,(T \cdot \varrho)^{\frac{1}{2}} - 0{,}177\,(T \cdot \varrho).$

3. $\quad (e_g)_0 = 0{,}751(T\varrho)^{\frac{1}{2}} - 0{,}632(\varrho T) + 0{,}670(T\varrho)^{\frac{3}{2}}.$

4. $\quad S = e_g \cdot \sigma T^4.$

5. $\quad S = A T^n.$

6. $\quad S = \alpha\,\sigma T^5 + \beta\,\sigma T^4.$

Zusammenfassend ist zu sagen, daß eine theoretisch gut begründete, d. h. in der Anschauung von der atomaren Struktur der Metalle wurzelnde Formel für den Zusammenhang zwischen Strahlung und Temperatur bisher nicht gegeben worden ist. Die angegebenen Formeln sind vielmehr als empirische Formeln zu werten, und man wird bei der Darstellung von Versuchsergebnissen zweckmäßig die verwenden, welche sich den Ergebnissen am besten anpassen und welche die geringste Rechenarbeit bei der Interpolation verursachen.

---

[1]) H. SCHMIDT u. E. FURTHMANN, Mitt. a. d. K.-W.-Inst. f. Eisenforschung Bd. 8, S. 103. 1928.

[2]) M. LUCKIESH, L. L. HOLLADAY u. A. H. TAYLOR, Journ. Frankl. Inst. Bd. 196, S. 353 u. 495.

Tabelle 8. Spektrales Emissionsvermögen von Metallen.

Material	λ in 10^{-5} cm	T in Grad abs.	e_λ eingetragen in	Beobachter	Jahr	Bemerkungen
1. Aluminium	4,31—6,56	Zimmertemperatur	Abb. 28	Quincke	1874	
	5,89; 6,30	,,	,, 28	Drude	1890	
	10,6—120,3	,,	,, 28	Coblentz	1907	
	1,88—3,57	,,	,, 28	Hulburt	1915	
	255	443	—	Hagen u. Rubens	1903	$e_\lambda = 0,0197$
2. Eisen	1,88—140,0	Zimmertemperatur	Abb. 24	verschiedene Beobachter	—	Abb. 24 Kurve nach Drude-Planck
	4,5 — 7,0	,,	,, 24	Hagen u. Rubens	1900	Stahl gehärtet und ungehärtet
	2,51—15,0	,,	,, 24	,, ,, ,,	1902	Stahl ungehärtet
	6,5 —140	,,	,, 24	,, ,, ,,	1903	,, ,,
	2,26— 6,30	,,	,, 24	Minor	1903	Stahl
	6,5 —20,0	,,	,, 24	Ingersoll	1910	Eisen
	4,2 — 7,0	,,	,, 24	Tool	1910	,,
	5,0 —90,0	,,	,, 24	Coblentz	1910	,,
	2,57— 6,68	,,	,, 24	W. Meier	1910	,, zerstäubt
	4,6 — 7,0	,,	,, 24	Tate	1912	Stahl
	1,88— 3,57	,,	,, 24	Hulburt	1915	Eisen
	2,54— 5,78	,,	,, 24	Pfestorf	1926	Stahl V II a (Krupp)
	255	443	—	Hagen u. Rubens	1903	Stahl ungehärtet; $e_\lambda = 0,0366$
	6,6	980—2100	—	Bidwell	1914	Eisen; Schmelzpunkt 1489° $e_\lambda(1000°) = 0,269$; $e_\lambda(1800°) = 0,359$ $e_\lambda(1500°) = 0,284$; $e_\lambda(2100°) = 0,530$
3. Gold	1,88—140	Zimmertemperatur	Abb. 20	verschiedene Beobachter	—	Abb. 20 enthält theoretische Kurve nach Drude-Planck
	5,89; 6,30	,,	,, 20	Drude	1890	
	4,5 — 7,0	,,	,, 20	Hagen u. Rubens	1900	Übereinstimmung mit Formel von Drude
	2,51—15,0	,,	,, 20	,, ,, ,,	1902	
	6,5 —140	,,	,, 20	,, ,, ,,	1903	
	2,57— 6,68	,,	,, 20	W. Meier	1910	
	4,0 — 7,0	,,	,, 20	Tool	1910	
	6,7 —48,3	,,	,, 20	Försterling u. Fréedericksz	1913	
	1,88— 3,57	,,	,, 20	Hulburt	1915	
	2,54— 5,78	,,	,, 20	Pfestorf	1926	
	0,912—1,216 (Lymanserie)	,,	—	Pfund	1926	$e_\lambda = 0,937$
	255	443	—	Hagen u. Rubens	1903	$e_\lambda = 0,0156$
	sichtbares Gebiet	Zim. temp. bis 633	—	Zeemann	1895	$\}$ e_λ unabhängig von der Temperatur
				Koenigsberger	1899	
	6,4; 5,5	am Schmelzpunkt	—	Holborn u. Henning	1905	

Material		Temperatur	Abb./Tab.	Beobachter	Jahr	Bemerkungen
	66,5	373— 773	—	HAGEN u. RUBENS	1910	Schmelzpunkt 1385°; $e_\lambda(1100-1500°) = 0,127$; dann langsames Ansteigen auf $e_\lambda(2030°) = 0,15$
	66,0	1100—2020	—	BIDWELL	1914	
	rotes, grünes, blaues Licht	Zimmertemperatur u. Glühtemperatur	Tab. 6	verschiedene Beobachter		
	6,5; 5,5	1173—2273		BURGESS u. WALTENBERG	1914	e_λ unabhängig von der Temperatur
	4,60; 5,35; 6,65	300—1300	Abb. 39	WORTHING	1926	
4. Kupfer	1,88—140	Zimmertemperatur	Abb. 22	verschiedene Beobachter		Abb. 22 enthält theoretische Kurve nach DRUDE-PLANCK
	5,893; 6,30	,,	,, 22	DRUDE	1890	
	4,5 — 7,0	,,	,, 22	HAGEN u. RUBENS	1900	
	2,51—15,0	,,	,, 22	,, ,, ,,	1902	
	7,0 —140	,,	,, 22	,, ,, ,,	1903	
	2,31— 6,3	,,	,, 22	MINOR	1903	
	6,3 —46,1	,,	,, 22	FÖRSTERLING u. FRÉEDERICKSZ	1913	
	1,88— 3,57	,,	,, 22	HULBURT	1915	
	2,54— 5,46	,,	,, 22	PFESTORF	1926	
	255	443	—	HAGEN u. RUBENS	1903	$e_\lambda = 0,0117$ für $\lambda = 6,5 \cdot 10^{-5}$ cm: $e_\lambda(1348°) = 0,17$; $e_\lambda(1498°) = 0,13$; für $\lambda = 5,5 \cdot 10^{-5}$ cm: $e_\lambda(1348°) = 0,47$; $e_\lambda(1498°) = 0,28$
	6,5; 5,5	1348—1498	—	BURGESS	1909	
	6,6	980—2100	—	BIDWELL	1914	Schmelzp. 1351°; $e_\lambda(980-1600°) = 0,109$, dann langsames Ansteigen auf $e_\lambda(2100°) = 0,132$
	6,5; 5,5	1173—2273	—	BURGESS u. WALTENBERG	1914	für $\lambda = 6,5 \cdot 10^{-5}$ cm: $e_\lambda(1173°) = 0,10$; $e_\lambda(2273°) = 0,15$; für $\lambda = 5,5 \cdot 10^{-5}$ cm: $e_\lambda(1173°) = 0,38$; $e_\lambda(2273°) = 0,36$
5. Molybdän	4,0 —120,0	Zimmertemperatur	Abb. 26	COBLENTZ	1911	
	1,88—3,57	,,	,, 26	HULBURT	1915	
	6,58	1273—2673	—	MENDENHALL u. FORSYTHE	1913	$e_\lambda(1273°) = 0,44$; $e_\lambda(2673°) = 0,37$
	6,65; 4,75	273—2895	Abb. 38	WORTHING	1926	
	6,52; 5,41	1200—2500	,, 38	ZWIKKER	1927	
	sichtbares Gebiet	Glühtemperatur	—	WORTHING	1926	Emissionsvermögen in Abhängigkeit vom Winkel Abb. 11
	6,52; 5,41	,,	—	ZWIKKER	1927	
6. Nickel	1,88—140	Zimmertemperatur	Abb. 23	verschiedene Beobachter		Abb. 23 enthält theoretische Kurve nach DRUDE-PLANCK
	5,89; 6,30	,,	,, 23	DRUDE	1890	
	4,5 — 7,0	,,	,, 23	HAGEN u. RUBENS	1900	

Tabelle 8. (Fortsetzung.)

Material	λ in 10^{-5} cm	T in Grad abs.	e_λ eingetragen in	Beobachter	Jahr	Bemerkungen
Nickel	2,51—15,0	Zimmertemperatur	Abb. 23	HAGEN u. RUBENS	1902	
	6,5 —140	,,	, 23	,,　,,　,,	1903	
	2,573—6,68	,,	,, 23	W. MEIER	1910	
	1,88—3,57	,,	,, 23	HULBURT	1915	
	2,54—5,78	,,	,, 23	PFESTORF	1926	
	255	443	—	HAGEN u. RUBENS	1903	$e_\lambda = 0,0320$
	6,6	980—2100	—	BIDWELL	1914	Schmelzpunkt 1709°; $e_\lambda(980°) = 0,282$, $e_\lambda(1740°) = 0,216$; dann steiles Ansteigen auf $e_\lambda(2082°) = 0,667$
	6,5; 5,5	1173—2273	—	BURGESS u. WALTENBERG	1914	für $\lambda = 6,5 \cdot 10^{-5}$ cm: $e_\lambda(1173°) = 0,36$;　$e_\lambda(2273°) = 0,37$; für $\lambda = 5,5 \cdot 10^{-5}$ cm: $e_\lambda(1173°) = 0,44$;　$e_\lambda(2273°) = 0,46$
	rotes, grünes, blaues Licht	Zimmertemperatur u. Glühtemperatur	Tab. 7	verschiedene Beobachter		
7. Palladium	7,0—50	1370—1628	—	McCAULEY	1913	e_λ mit steigender Temperatur für $\lambda > 10 \cdot 10^{-5}$ cm wachsend
	5,79	Zimmertemperatur	—	v. WARTENEERG	1911	$e_\lambda = 0,35$
	1,88—3,57	,,	—	HULBURT	1915	für $\lambda = 1,88 \cdot 10^{-5}$ cm; $e_\lambda = 0,84$,, $\lambda = 3,57 \cdot 10^{-5}$ cm; $e_\lambda = 0,74$
8. Platin	1,88—140	,,	Abb. 19	verschiedene Beobachter		Abb. 19 enthält theoretische Kurve nach DRUDE-PLANCK
	5,89; 6,30	,,	,, 19	DRUDE	1890	
	4,5 — 7,0	,,	,, 19	HAGEN u. RUBENS	1900	Übereinstimmung mit Formel von DRUDE-PLANCK
	2,51—15	,,	,, 19	,,　,,　,,	1902	
	6,65—140	,,	,, 19	,,　,,　,,	1903	
	2,57— 6,68	,,	,, 19	W. MEIER	1910	
	4,0 —120,0	,,	,, 19	COBLENTZ	1910	
	10,0—46,5	,,	,. 19	FÖRSTERLING u. FRÉEDERICKSZ	1913	
	4,18— 6,80	,,	—	KOENIGSBERGER	1914	
	1,88— 3,57	,,	Abb. 19	HULBURT	1915	
	255	443	—	HAGEN u. RUBENS	1903	
	sichtbares Gebiet	—	—	ZEEMANN	1895	} e_λ unabhängig von T
				KOENIGSBERGER	1899	
	6,5	1000—1850	Abb. 36	HOLBORN u. KURLBAUM	1903	
	6,51; 5,50; 4,74	940—1885	—	BURGESS	1904	
	6,4; 5,5	680—1570	—	HOLBORN u. HENNING	1905	e_λ unabhängig von T

6,6	1000—1650	Abb. 36	WAIDNER u. BURGESS	1907	e_λ unabhängig von T
6,3	1073—1773	—	LAUE u. MARTENS	1907	
6,29	1250—2040	Abb. 36	FÉRY u. CHENEVEAU	1909	
26,0—88,5	373— 773	—	HAGEN u. RUBENS	1909	
66,5	373—773	—	} „ „ „	1910	
20, 40, 60	908—1728	—			
6,65	1380—1760	Abb. 36	HENNING	1910	$e_\lambda(1380-1760°) = 0,32$
6,58	1200—1950	„ 36	MENDENHALL	1911	
rotes Licht	1000—2000	„ 36	verschiedene Beobachter		
6,4	1273—2023	—	PIRANI	1912	$e_\lambda = 0,51$
6,58	1080—1960	Abb. 36	McCAULEY	1913	
6,58	1260—1800	„ 36	SPENCE	1913	$e_\lambda(1260-1800°) = 0,298$
6,5	1173—2273	—	BURGESS u. WALTENBERG	1914	$e_\lambda(1173-2273°) = 0,33$
5,5	„ „		„ „ „		$e_\lambda(1173-2273°) = 0,38$
5,92	1198—1434	—	BENEDICT	1915	$e_\lambda(1198-1434°) = 0,38$
6,45	„ „		„		$e_\lambda(1198-1434°) = 0,34$
6,47	1320—1980	Abb. 36	HENNING u. HEUSE	1923	$e_\lambda(290-1980°) = 0,348$
5,36	1670—1720	—	„ „ „	1923	$e_\lambda(290-1720°) = 0,363$
6,65	1120—1850	Abb. 36	WORTHING	1925	
4,63	1550—1950	—	„	1925	geradliniger Anstieg von e_λ von 0,372 (1550°) auf 0,395 (1950°)
9. Silber	1,88—140	Zimmertemperatur	Abb. 21	verschiedene Beobachter		Abb. 21 enthält theoretische Kurve nach DRUDE-PLANCK
	4,5 — 7,0	„	„ 21	HAGEN u. RUBENS	1900	
	7,78—77,37	„	„ 21	PASCHEN	1901	
	2,51—15	„	„ 21	HAGEN u. RUBENS	1902	
	6,5 —140	„	„ 21	„ „ „	1903	
	2,26—5,89	„	„ 21	MINOR	1903	
	4,0 —120,0	„	„ 21	COBLENTZ	1910	
	6,65—43,7	„	„ 21	FÖRSTERLING u. FRÉEDERICKSZ	1913	
	1,88—3,57	„	„ 21	HULBURT	1915	
	0,912—1,216 (Lymanserie)	„	—	PFUND	1926	$e_\lambda = 0,949$
	255	443	—	HAGEN u. RUBENS	1903	$e_\lambda = 0,0113$
	sichtbares Gebiet	Zim.temp. bis 633	—	ZEEMANN	1895	} e_λ unabhängig von T
				KOENIGSBERGER	1899	
	6,4; 5,5	am Schmelzpunkt	—	HOLBORN u. HENNING	1905	
	260; 88,5	373— 773	Abb. 15	HAGEN u. RUBENS	1909	
	66,5	373— 773	„ 15	„ „ „	1910	
	6,60	950—2080	—	BIDWELL	1914	Schmelzpunkt 1232°; $e_\lambda(950-2080°) = 0,0525$
	6,5; 5,5	1173—2273	—	BURGESS u. WALTENBERG	1914	e_λ unabhängig von T

Tabelle 8. (Fortsetzung).

Material	λ in 10^{-5} cm	T in Grad abs.	e_λ eingetragen in	Beobachter	Jahr	Bemerkungen
10. Tantal	5,0—120,0	Zimmertemperatur	Abb. 27	Coblentz	1909/12	
	6,4	—	—	Pirani	1912	$e_\lambda = 0,49$
	5,0—50,0	1545—3013	—	McCauley	1913	e_λ für $\lambda > 7,0 \cdot 10^{-5}$ cm mit der Temperatur steigend
	6,58	1373—2873	—	Mendenhall u. Forsythe	1913	$e_\lambda(1373°) = 0,60$; $e_\lambda(2873°) = 0,48$
	1,88—3,50	Zimmertemperatur	Abb. 27	Hulburt	1915	
				Peszalsky	1916	
	4,63; 6,65	300—3300	,, 38	Worthing	1926	
	sichtbares Gebiet	Glühtemperatur	—	,,	1926	Emissionsvermögen in Abhängigkeit vom Winkel Abb. 13
11. Wolfram	4,0—120,0	,,	Abb. 25	Coblentz	1909/12	
	5,89	,,	—	Littleton	1912	$e_\lambda = 0,455$
	1,88—3,57	,,	Abb. 25	Hulburt	1915	
	5,0—60,0	Zimmertemperatur	,, 25	Coblentz u. Emerson	1918/19	
	6,40	1200—1700	—	Pirani	1912	$e_\lambda = 0,46$ bis 0,48; Wolframband
	6,40	1200—2500	—	Pirani u. A. R. Meyer	1912	$e_\lambda = 0,51$; Wolframband
	6,66	1200—3200	—	Worthing	1912	W.-Rohr mit Loch
	6,58	1273—2773	—	Mendenhall u. Forsythe	1913	$e_\lambda(1200°) = 0,467$; $e_\lambda(3200°) = 0,406$ $e_\lambda(1273°) = 0,45$; $e_\lambda(2773°) = 0,66$
	6,67; 5,35	1400—3000	—	Langmuir	1915	W-Spirale für $\lambda = 6,67 \cdot 10^{-5}$ cm: $e_\lambda = 0,46$ für $\lambda = 5,35 \cdot 10^{-5}$ cm: $e_\lambda = 0,48$; e_λ unabhängig von T
	6,7; 12,7; 19,0; 20,0; 29,0	1373—2073	Abb. 39	Weniger u. Pfund	1919	von 2μ ab genügen die Resultate der Gleichung $E = 0,365 \sqrt{\dfrac{\varrho}{\lambda}}$
	6,47; 5,36	Glühtemperatur	—	Henning u. Heuse	1923	für $\lambda = 6,47 \cdot 10^{-5}$ cm: $e_\lambda = 0,489$; ,, $\lambda = 5,36 \cdot 10^{-5}$ cm: $e_\lambda = 0,488$
	5,47; 6,50	1900—2500	—	Lax u. Pirani	1924	für $\lambda = 5,47 \cdot 10^{-5}$ cm: $e_\lambda = 0,47$; ,, $\lambda = 6,5 \cdot 10^{-5}$ cm: $e_\lambda = 0,45$
	4,67; 6,65	300—3655	Abb. 38 u. 39	Forsythe u. Worthing	1925	
	6,65	1200—3400	,, 38	Zwikker	1925	
	6,65	293—1900	—	Worthing	1926	$e_\lambda(293°) = 0,470$; $e_\lambda(1900°) = 0,437$
	sichtbares Gebiet	Glühtemperatur		,,	1926	} Emissionsvermögen in Abhängigkeit vom Winkel Abb. 12
	6,52	2300; 2400	—	Zwikker	1927	
12. Zink	1,88—130,0	Zimmertemperatur	Abb. 29	verschiedene Beobachter		
	30,6—130,0	,,	,, 29	Coblentz	1907	gegossenes Zink
	2,57—6,68	,,	,, 29	W. Meier	1910	
	1,88—3,5	,,	,, 29	Hulburt	1915	

Zink	5,0 —40,0	,,	,, 29	COBLENTZ	1920	$e_\lambda = 0,0227$
	2,54—5,78	,,	,, 29	PFESTORF	1926	
	255	443	—	HAGEN u. RUBENS	1903	
13. Zirkon	6,52	1000—2130	—	ZWIKKER	1926	$e_\lambda = 0,472$ für $1000°$; $e_\lambda = 0,452$ für $1200°$
						$e_\lambda = 0,455$,, $1800°$; $e_\lambda = 0,452$,, $2100°$

Tabelle 9. Gesamtemissionsvermögen von Metallen.

Material	Temperaturgebiet in Grad abs.	Verlauf des Gesamtemissionsvermögens Abbildung	Formel	Konstanten der Formeln 4 bis 6, S. 231.	Beobachter	Jahr	Strahlung $\perp$ oder $\bigcirc$ [1]	Temperaturmessung	Bemerkungen
1. Aluminium	Zimmertemp.	—	4	$\perp$: e_g(roh) $= 0,055$; e_g(poliert) $= 0,04$ $\bigcirc$: e_g(roh) $= 0,071$; e_g(poliert) $= 0,052$	E. SCHMIDT	1927	$\perp$ und $\bigcirc$	Thermo-El. Bi/Bi-Sn	Politurunterschiede
	500—850	33	5 6	$n=4,73$; $A=2,40 \cdot 10^{-15}$ $\alpha=5,133 \cdot 10^{-5}$; $\beta=0,0137$	H. SCHMIDT u. FURTHMANN	1928	$\perp$	Thermo-El. Pt/Pt-Rh	Blech mit $98,3\%$ Al-Gehalt
2. Blei	400—500	—	4	$e_g(400°) = 0,057$ $e_g(500°) = 0,075$	H. SCHMIDT u. FURTHMANN	1928	$\perp$	Thermo-El. Pt/Pt-Rh	
3. Eisen	473	—	—	—	RANDOLPH u. OVERHOLSEN	1913	$\perp$	Thermo-El.	Gußeisen
	1575—1675	—	4	$e_g = 0,279$	THWING	1908	$\perp$	Thermo-El. Pt/Pt-Rh	geschmolz. Gußeisen
	500—1200	—	—	—	KAHANOWICZ	1921	$\perp$	dgl.	poliertes Elektrolyteisen
	450— 500	—	4 —	$e_g(450°) = 0,052$ $e_g(500°) = 0,064$	H. SCHMIDT u. FURTHMANN	1928	$\perp$	dgl.	
	325— 400	—	—	—	LANGMUIR	1913	$\bigcirc$	dgl.	Gußeisen
	325— 490	—	5	$n=4$; $A=1,54 \cdot 10^{-12}$	WAMSLER	1911	$\bigcirc$	Thermo-El. Cu/Konst.	poliertes Schmiedeeisen, Gußeisen
	315— 520	—	5	$n=4$; $A=5,16 \cdot 10^{-12}$	A. R. MEYER	1911	$\bigcirc$	Thermo-El. Pt/Pt-Rh Widerstand	Werte der Gesamtstrahlung Abb. 41
	750—1150	—	4	für $1000°$ $e_g = 0,39$	SUYDAM	1915	$\bigcirc$		
	1000—1600	—	5	$n=5,5$; $A=3,23 \cdot 10^{-17}$					
4. Gold	500—1300	—	5	$A=2,33 \cdot 10^{-15}$; $n=4,9$	KAHANOWICZ	1921	$\perp$	Thermo-El. Pt/Pt-Rh	
	500— 900	33	5 6	$A=8,65 \cdot 10^{-17}$; $n=5,14$ $\alpha=4,231 \cdot 10^{-5}$; $\beta=0,0032$	SCHMIDT u. FURTHMANN	1928	$\perp$	dgl.	
5. Kupfer	350— 420	—	—	—	WESTPHAL	1912	$\perp$	Thermo-El. Pt/Pt-Rh	
	350— 480	—		Vgl. mit Formel 1	HOFFMANN	1923	$\perp$	dgl.	
	Zimmertemp.	—	4	$\bigcirc$: e_g(poliert) $= 0,0309$, e_g(geschabt) $= 0,0936$ $\perp$: e_g(poliert) $= 0,0395$, e_g(geschabt) $= 0,072$	E. SCHMIDT	1927	$\bigcirc$ und $\perp$	Thermo-El. Bi/Bi-Sn	Politurunterschiede

[1]) $\perp$ gibt an, daß die Strahlung $\perp$ zur Fläche, $\bigcirc$, daß die räumliche Strahlung gemessen ist.

Tabelle 9. (Fortsetzung.)

Material	Temperaturgebiet in Grad abs.	Verlauf des Gesamtemissionsvermögens Abbildung	Formel	Konstanten der Formeln 4 bis 6, S. 231.	Beobachter	Jahr	Strahlung $\perp$ oder $\bigcirc$	Temperaturmessung	Bemerkungen
Kupfer	1360—1440	—	4	$e_g = 0{,}14$	THWING	1908	$\perp$	Thermo-El. Pt/Pt-Rh	geschmolzenes Kupfer
	1350—1550	—	4	$e_g(1350°) = 0{,}17$ $e_g(1550°) = 0{,}13$	BURGESS	1909	$\perp$	dgl.	dgl.
	330— 550	—	5	$n=4;\ A=9{,}21\cdot10^{-13}$	WAMSLER	1911	$\bigcirc$	Thermo-El. Cu/Konst.	schwach poliert
6. Molybdän	1000—2895	35	—	Vgl. mit Formel 3 Abb. 31	WORTHING	1926	$\bigcirc$	HOLBORN-KURLBAUM-Pyrometer	Draht, Werte der Gesamtstrahlung Abb.42
	1200—2500	35	—	—	ZWIKKER	1927	$\bigcirc$	dgl.	Draht
7. Nickel	540— 800	—	5	$n=5{,}55$; $A=5{,}50\cdot10^{-17}$ für 540-630° $A=4{,}97\cdot10^{-17}$ für 650-800°	KAHANOWICZ	1921	$\perp$	Thermo-El. Pt/Pt-Rh	
	500— 650	—	5	$n=4{,}814;\ A=2{,}54\cdot10^{-15}$	H. SCHMIDT u. FURTHMANN	1928	$\perp$	dgl.	Blech mit 98,9% Ni-Gehalt $e_g(500°) = 0{,}0697$ $e_g(650°) = 0{,}0864$ Werte der Gesamtstrahlung Abb. 40
	273—1350	—	4	$e_g(800°) = 0{,}12$ $e_g(1100°) = 0{,}17$	SUYDAM	1915	$\bigcirc$	Widerstand	
8.Osmium	Glühtemp.	—	5	$n = 5{,}9$	COBLENTZ	1909	$\bigcirc$	HOLBORN-KURLBAUM-Pyrometer	Glühlampen
9. Platin	400—1723	—	5	$n > 4$	PASCHEN	1893	$\perp$	Thermo-El. Pt/Pt-Rh	
	500—1760	—	5	$n = 5$	LUMMER u. KURLBAUM	1898	$\perp$	dgl.	
	340— 550	—	—	—	WESTPHAL	1913	$\perp$	dgl.	
	1200—2000	32		Vgl. mit Formel 2	FOOTE	1915	$\perp$	HOLBORN-KURLBAUM-Pyrometer	Draht. Vgl. Ziff. 17.
	600—1400	32	5	$n=5{,}1;\ A=3{,}77\cdot10^{-16}$	KAHANOWICZ	1921	$\perp$	Thermo-El. Pt/Pt-Rh	
	500— 900	32	5	$n=5{,}114;\ A=3{,}07\cdot10^{-16}$	H. SCHMIDT u. FURTHMANN	1928	$\perp$	dgl.	
		—	6	$\alpha=0{,}00863;\ \beta=1{,}252\cdot10^{-4}$					
	—	—	—	—	COBLENTZ	1909	$\bigcirc$	dgl.	Draht
	1380—1800	—	5	$n=5;\ A=6{,}61\cdot10^{-16}$	LUMMER	1913	$\bigcirc$	HOLBORN-KURLBAUM-Pyrometer	glatter Draht. Werte der Gesamtstrahlung Abb. 40
	600—1750	32	5	$n=5;\ A=2{,}36\cdot10^{-15}$	SUYDAM	1915	$\bigcirc$	Widerstand	
	273— 373	—		Vgl. mit Formel 1	WEBER	1917	$\bigcirc$	dgl.	
	500—1500	—	3	—	DAVISSON u. WEEKS	1921	$\bigcirc$		

Platin	900—1900	—	5	$n = 4,28$	SUHRMANN	1923	O	HOLBORN-KURLBAUM-Pyrometer	
	300—1500	32		Vergleich mit Formel 3 Abb. 31	DAVISSON u. WEEKS	1924	O	Widerstand	Draht. Vgl. Ziff. 17
	500—1650	32	5	$n=4,767;\ A=3,44 \cdot 10^{-15}$	GEISS	1925	O	dgl.	Werte der Gesamtstrahlung Abb. 40
10. Silber	700—1230	—	5	$A=8,98 \cdot 10^{-16};\ n=5,0$	KAHANOWICZ	1922	⊥	Thermo-El. Pt/Pt-Rh	
	900—1225	33	5	$A=3,07 \cdot 10^{-13};\ n=4,1$	SUYDAM	1915	O	Widerstand	Werte der Gesamtstrahlung Abb. 40
	500—900	33	5 6	$A=6,15 \cdot 10^{-16};\ n=4,84$ $\alpha=3,137 \cdot 10^{-15};\ \beta=0,0041$	H. SCHMIDT u. FURTHMANN	1928	⊥	Thermo-El. Pt/Pt-Rh	
11. Tantal	Glühtemp.	—	5	$n = 5,3$	COBLENTZ	1909	O		Glühlampen
	1100—1700	35	—	—	PIRANI u. A. R. MEYER	1911	O	HOLBORN-KURLBAUM-Pyrometer	Bänder. Werte der Gesamtstrahlung Abb. 42
	—	—	5	$n = 4,7$	HYDE	1912	O		
	1600—2800	35	—	Vgl. mit Formel 3 Abb. 31	WORTHING	1926	O	dgl.	Werte der Gesamtstrahlung Abb. 42
12. Wolfram	273—373	—	5	$n = 5$	WEBER	1917	O	Widerstand	
	300—3530	—	—	—	LANGMUIR	1915	O	HOLBORN-KURLBAUM-Pyrometer	Draht, neuere Werte 1927
	1000—3500	—	—	—	WORTHING u. FORSYTHE	1921	O	Widerstand	Draht, neuere Werte 1925
	1900—2500	34	—	—	LAX u. PIRANI	1924	O	Prinzip HOLBORN-KURLBAUM	Draht
	1200—3400	34	—	—	ZWIKKER	1925	O	Widerstand	„ } Werte der Gesamtstrahlung Abb. 41
	300—3650	34	—	—	FORSYTHE u. WORTHING	1925	O	Widerstand und HOLBORN-KURLBAUM-Pyrometer	„
	1700—2700	—	—	—	GEISS	1926	O	Widerstand	„
	1200—3650	—	—	—	JONES	1926	O	Widerstand und HOLBORN-KURLBAUM-Pyrometer	„
	273—3655	34	—	—	JONES u. LANGMUIR	1927	O	dgl.	Draht, Werte der Gesamtstrahlung Abb. 41
13. Zink	500—600	—	5 6	$n=4,96;\ A=6,59 \cdot 10^{-16}$ $\alpha=8,60 \cdot 10^{-5};\ \beta=0,0016$ $e_g(500°) = 0,0446$ $e_g(600°) = 0,0532$	H. SCHMIDT u. FURTHMANN	1928	⊥	Thermo-El. Pt/Pt-Rh	Blech mit 99,1% Zn-Gehalt
	350—560	—	5	$n=4;\ A=1,13 \cdot 10^{-12}$	WAMSLER	1911	O	Thermo-El. Cu/Konst.	
14. Zirkon	1000—2130	35	—	—	ZWIKKER	1926	O	HOLBORN-KURLBAUM-Pyrometer	

Literaturverzeichnis zu Tabelle 8 und 9.

E. Benedict, Ann. d. Phys. Bd. 47, S. 641. 1915. — C. Bidwell, Phys. Rev. (2) Bd. 3, S. 439. 1914. — G. K. Burgess, Bull. Bur. Stand. Bd. 1, S. 443. 1904/05; Bd. 6, S. 111 u. 190. 1909. — G. K. Burgess u. R. G. Waltenberg, Phys. Rev. (2) Bd. 4, S. 546. 1914. — G. V. McCauly, Astrophys. Journ. Bd. 37, S. 164. 1913. — W. W. Coblentz, Bull. Bur. Stand. Bd. 2, S. 472. 1907; Bd. 6, S. 301. 1909; Journ. Frankl. Inst. Bd. 180, S. 170. 1910; Bull. Bur. Stand. Bd. 7, S. 243. 1911; Bd. 7, S. 197. 1911; Bd. 9, S. 81 u. 283. 1912; Scient. Pap. Bureau of Stand. Bd. 16, S. 249. 1920. — W. W. Coblentz u. W. B. Emerson, Bull. Bur. Stand. Bd. 14, S. 306. 1918/19. — C. Davisson u. J. R. Weeks, Phys. Rev. Bd. 17, S. 261. 1921; Journ. Opt. Soc. Amer. Bd. 8, S. 581. 1924. — P. Drude, Wied. Ann. Bd. 39, S. 481. 1890. — Ch. Féry u. C. Cheneveau, C. R. Bd. 148, S. 401. 1909. — P. D. Foote, Bull. Bur. Stand. Bd. 11, S. 607. 1915; Journ. Washington Acad. Bd. 5, S. 1. 1915. — K. Försterling u. V. Fréedericksz, Ann. d. Phys. Bd. 40, S. 201. 1913. — W. E. Forsythe u. A. G. Worthing, Astrophys. Journ. Bd. 61, S. 146. 1925. — W. Geiss, Physica, Bd. 5, S. 203. 1925; Ann. d. Phys. Bd. 79, S. 85. 1926. — E. Hagen u. H. Rubens, Ann. d. Phys. Bd. 1, S. 352. 1900; Bd. 8, S. 1. 1902; Bd. 11, S. 873. 1903; Berl. Ber. 1909, S. 478; 1910, S. 467. — F. Henning, ZS. f. Instrkde. Bd. 30, S. 61. 1910. — F. Henning u. W. Heuse, ZS. f. Phys. Bd. 16, S. 63. 1923. — K. Hoffmann, ZS. f. Phys. Bd. 14, S. 301. 1923. — L. Holborn u. F. Henning, Berl. Ber. 1905, S. 311. — L. Holborn u. F. Kurlbaum, Ann. d. Phys. Bd. 10, S. 225. 1903. — E. O. Hulburt, Astrophys. Journ. Bd. 42, S. 203. 1915. — E. P. Hyde, Astrophys. Journ. Bd. 36, S. 89. 1912. — L. R. Ingersoll, Astrophys. Journ. Bd. 32, S. 282. 1910. — H. A. Jones, Phys. Rev. Bd. 28, S. 202. 1926. — H. A. Jones u. J. Langmuir, Gen. Electr. Rev. Bd. 30, S. 310/19, 354/61 u. 408/12. 1927. — M. Kahanowicz, Lincei Rend. Bd. 30, S. 132 u. 178. 1921; Bd. 31, S. 313. 1922; Phys. Ber. 1923, S. 1476 u. 1616. — J. Königsberger, Verh. d. D. Phys. Ges. Bd. 1, S. 247. 1899; Ann. d. Phys. Bd. 43, S. 1205. 1914. — J. Langmuir, Phys. Rev. Bd. 6, S. 138. 1915. — M. Laue u. F. F. Martens, Verh. d. D. Phys. Ges. Bd. 9, S. 522. 1907. — E. Lax u. M. Pirani, ZS. f. Phys. Bd. 22, S. 275. 1924. — J. T. Littleton, Phys. Rev. Bd. 35, S. 306. 1912. — O. Lummer, Elektrot. ZS. 1913, S. 748. — O. Lummer u. F. Kurlbaum, Verh. d. D. Phys. Ges. Bd. 17, S. 106. 1898. — A. R. Meier, Diss. Greifswald 1911. — W. Meier, Ann. d. Phys. Bd. 31, S. 1017. 1910. — C. E. Mendenhall, Astrophys. Journ. Bd. 33, S. 91. 1911. — C. E. Mendenhall u. W. E. Forsythe, Astrophys. Journ. Bd. 37, S. 380. 1913. — R. S. Minor, Ann. d. Phys. Bd. 10, S. 581. 1903. — F. Paschen, Ann. d. Phys. u. Chem. Bd. 49, S. 50. 1893; Ann. d. Phys. Bd. 4, S. 304. 1901. — M. T. Peczalsky, C. R. Bd. 162, S. 294 u. 684. 1916. — G. Pfestorf, Ann. d. Phys. Bd. 81, S. 906. 1926. — A. H. Pfund, Journ. Opt. Soc. Amer. Bd. 12, S. 467. 1926. — M. Pirani, Verh. d. D. Phys. Ges. Bd. 12, S. 301. 1910; ZS. f. Phys. Bd. 13, S. 753. 1912. — M. Pirani u. A. R. Meyer, Verh. d. D. Phys. Ges. Bd. 14, S. 213 u. 426. 1912. — G. Quincke, Pogg. Ann., Jubelband 1874, S. 336. — C. P. Randolph u. M. J. Overholser, Phys. Rev. Bd. 2, S. 144, 1913. — B. J. Spence, Astrophys. Journ. Bd. 37, S. 194. 1913. — R. Suhrmann, ZS. f. Phys. Bd. 19, S. 1. 1923. — V. A. Suydam, Phys. Rev. Bd. 5, S. 497. 1915. — E. Schmidt, Beihefte zum Gesundheits-Ing. Bd. 1, Nr. 20. 1927. — H. Schmidt u. E. Furthmann, Mitt. a. d. K.-W.-Inst. f. Eisenforschung, Bd. 8, S. 103. 1928. — J. T. Tate, Phys. Rev. Bd. 34, S. 321. 1912. — A. Q. Tool, Phys. Rev. Bd. 31, S. 1. 1910. — Ch. B. Thwing, Phys. Rev. Bd. 26, S. 190. 1908. — C. W. Waidner u. G. K. Burgess, Bull. Bur. Stand. Bd. 3, S. 163. 1907. — F. Wamsler, Mitt. üb. Forschungsarb. a. d. Gebiete d. Ingenieurwesens, herausgeg. vom V. D. I. 1911, Bd. 98. — H. v. Wartenberg, Verh. d. D. Phys. Ges. Bd. 12, S. 105. 1910. — S. Weber, Ann. d. Phys. Bd. 54, S. 165. 1917. — W. Weniger u. A. H. Pfund, Phys. Rev. Bd. 14, S. 427. 1919. — W. Wernicke, Pogg. Ann., Erg.-Bd. 8, S. 65. 1878. — W. Westphal, Verh. d. D. Phys. Ges. Bd. 14, S. 996. 1912. — A. G. Worthing, Phys. Rev. Bd. 10, S. 377. 1917; Phys. Rev. Bd. 25, S. 846. 1925; Bd. 28, S. 174 u. 190. 1926; Journ. Opt. Soc. Amer. Bd. 13, S. 635. 1926. — A. G. Worthing u. W. E. Forsythe, Phys. Rev. Bd. 18, S. 144. 1921. — P. Zeeman, Leyden Comm. Bd. 20, 1895. — C. Zwikker, Dissert. Amsterdam 1925; Arch. Néerland. (III A) Bd. 9, S. 207. 1925; Proc. Roy. Soc. Amsterdam Bd. 29, S. 792. 1926; Physica Bd. 7, S. 71. 1927.

D. Strahlung nichtmetallischer Körper.

23. Strahlung der Kohle. Strahlungsmessungen an nichtmetallischen Körpern sind außer an Kohle vor allem an Verbindungen ausgeführt. Die thermische Strahlung der stark absorbierenden Kohle ist sehr viel einfacher als die der Verbindungen, sie sei deshalb gesondert aufgeführt. Schichten fein verteilter Kohle (Ruß) werden mit passenden Bindemitteln vermengt in Bolometern und anderen Strahlungsmeßinstrumenten verwendet, da sie das größte Absorptionsvermögen haben. Das Gesamtemissionsvermögen von Ruß mit Wasserglas beträgt etwa 0,96 für Zimmertemperatur, der Wert sinkt etwas für höhere Temperaturen, bei

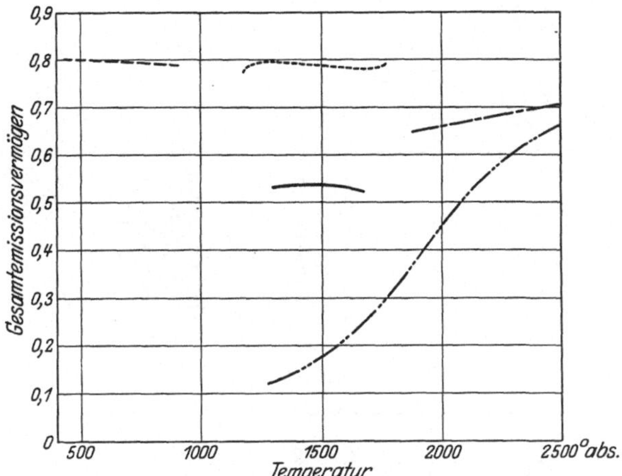

Abb. 45. Emissionsvermögen für die Gesamtstrahlung von Kohle, Kohlefadenlampen, Nernststift und Uranoxyd in Abhängigkeit von der Temperatur.

———————— Kohle nach SCHMIDT u. FURTHMANN (1928),   —————····· Nernststift nach WIEGAND (1923),
————————   „   „   LUMMER (1913),   ············· Uranoxyd nach WIEGAND (1923).
—·—·—·— Kohlefadenlampen nach PIRANI u. MEYER (1915),

500° abs. beträgt er 0,95. Auch in kompakter Form ist das Emissionsvermögen sehr groß; es ist jedoch, je nach der Form, in der die Kohle vorliegt (Graphit oder Kohle), verschieden groß. Abb. 45 und 46, auf denen die Emissionsvermögen eingetragen

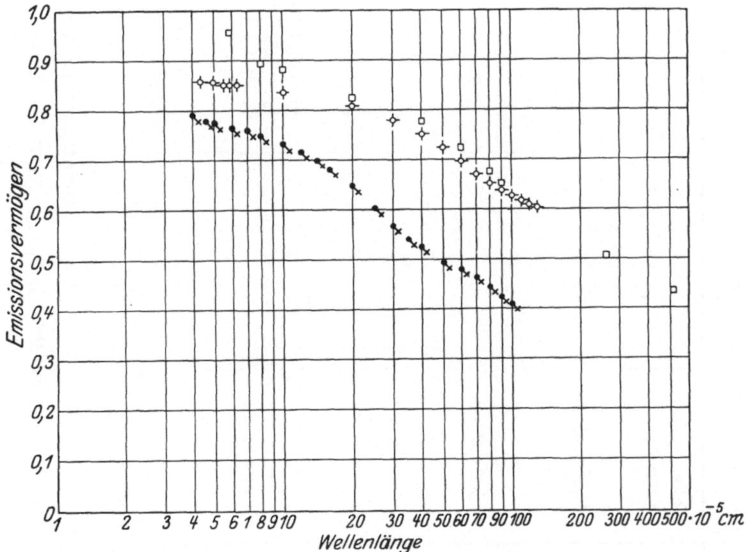

Abb. 46. Aus dem Reflexionsvermögen berechnetes Emissionsvermögen von Graphit und Kohle über der Wellenlänge bei Zimmertemperatur.

●ₓ ASCHKINASS (Kohle) 1905   □ COBLENTZ (Graphit) 1911   ◇ SENFTLEBEN u. BENEDICT (Kohle) 1917

sind, zeigen dies. Die Untersuchungen bei hohen Temperaturen sind vor allem an den Kohlefäden von Glühlampen, die häufig eine Graphitschicht haben, aus-

Tabelle 10. Gesamtemissionsvermögen der Kohle.

Material	Temperaturgebiet / Temperatur in ° abs.	Verlauf des Gesamtemissionsvermögens Abb.	Formel[1]	Konstanten	Beobachter	Jahr	⊥ oder ○	Temperatur Mess.	Bemerkungen
Kohle	2000—2500		5	$n = 4$	Hyde	1912	⊥		
	1650—2550	45	5	$n = 4$	Lummer	1913	○	Prinzip Holborn-Kurl-Baum	Werte der Gesamtstrahlung Abb. 41
	1888—2713	45			Pirani und A. R. Meyer	1915	○		unpräparierter Kohlefaden. Werte der Gesamtstrahlung Abb. 41
	1300—2200		5	$n = 4$	Kohn	1917	○		präparierte und unpräparierte Glühlampenkohle
	400—900	45			H. Schmidt u. Furthmann	1928	⊥	Thermoelement Pt/Pt-Rh	T-Kohle von Gebr. Siemens
Ruß	573°			$eg = 0,94$	Auer	1925	⊥	Thermoelement	
Ruß + Natron-Wasserglas . .	373			$eg = 0,959$	Hoffmann	1923	⊥	,,	
	457			$eg = 0,947$					
	Zimmertemp.			$eg = 0,966$	E. Schmidt	1927	⊥	Thermoelement Bi/Bi-Sn	
	400			$eg = 0,957$	H. Schmidt u. Furthmann	1928	⊥	Thermoelement Pt/Pt-Rh	
	500			$eg = 0,952$					

[1]) Formel siehe S. 231.

Literaturverzeichnis für Tabelle 10 und 11.

E. Aschkinass, Ann. d. Phys. Bd. 18, S. 371. 1905; H. Auer, ebenda Bd. 77, S. 658. 1925; W. W. Coblentz, Bull. Bureau of Stand. Bd. 7, S. 201. 1911; W. E. Forsythe, Journ. Opt. Soc. Amer. Bd. 7, S. 1116. 1923; K. Hoffmann, ZS. f. Phys. Bd. 14, S. 301. 1923; E. P. Hyde, Astrophys. Journ. Bd. 36, S. 89. 1912; H. Kohn, Ann. d. Phys. Bd. 53, S. 320. 1917; O. Lummer, Elektrot. ZS. Bd. 34, S. 748. 1913; M. Pirani u. A. R. Meyer, Elektrotechnik und Maschinenbau 1915, H. 33/34; C. H. Prescott u. W. B. Hincke, Phys. Rev. Bd. 31, S. 130. 1928: E. Schmidt. Beihefte zum Gesundheitsingenieur, Reihe 1, H. 20. 1927; H. Schmidt u. E. Furthmann, Mitt. a. d. K. W.-Inst. f. Eisenforschung Bd. 8, S. 103. 1926; H. Senftleben u. E. Benedict, Ann. d. Phys. Bd. 54, S. 65. 1917; K. Warmuth, Wiss. Veröffentl. a. d. Siemens-Konz. Bd. 7, S. 307. 1928; Phys. Ber. Bd. 9, S. 1908. 1928.

geführt. Die Strahlung der Kohlefadenlampen ist im sichtbaren Gebiet annähernd grau. Das Emissionsvermögen ist etwa 0,86 für Kohlefäden, 0,7 für graphitierte Fäden. Im Ultrarot ist die Strahlung geringer, bei 2000° abs. beträgt das Gesamtemissionsvermögen bei graphitierten Fäden etwa 0,6. Die Ergebnisse der Strahlungsmessungen sind in den Tabellen 10 und 11 zusammengestellt.

Tabelle 11. Spektrales Emissionsvermögen von Kohle.

Material	λ in 10^{-5} cm	T in ° abs.	e_λ eingetragen in	Beobachter	Jahr	Bemerkungen
Kohle	5,89—512,0	Zimmertemp.	Abb. 46	ASCHKINASS	1905	Gaskohle
	4,36—130,0	,,	,, 46	SENFTLEBEN u. BENEDICT	1917	reine Bogenlampenkohle
	6,65	1400—2200		FORSYTHE	1923	Kohlefäden $e_\lambda = 0,86$
	5,38; 6,63	Zimmertemp Glühtemp. bis 1740°		WARMUTH	1928	Siemens-E-Kohle Für Zimmertemp. $e_\lambda = 0,966$ Für höhere Temp. $e_\lambda = 0,972$
	6,60	1225—2700		PRESCOTT u. HINCKE	1928	$e_\lambda = 0,984 - 5,8 \cdot 10^{-5}\, T$
Graphit	4,0—100,0	Zimmertemp.	Abb. 46	COBLENTZ	1911	sibirischer Graphit
	6,65	1600—2200		FORSYTHE	1923	Metallisierte (graphitierte) Kohlefäden. Werte von e_λ schwanken zwischen 0,69 und 0,77

24. Brechungsexponent und Dielektrizitätskonstante nach der MAXWELLschen Theorie. Nach der MAXWELLschen Theorie ist für elektrisch nicht leitende Substanzen der Brechungsexponent n gleich der Wurzel aus der Dielektrizitätskonstante ε; der Brechungsexponent gegen Vakuum also $n = \sqrt{\varepsilon}$. Diese Beziehung gilt, wenn die Atomdimensionen sehr klein im Vergleich zur Wellenlänge sind. Sie besagt ferner, daß der Brechungsindex konstant ist, sie kann also nur in Gebieten, in denen keine Dispersion herrscht, bestehen. Dies ist nur bei sehr großen Wellenlängen der Fall, hier ist $n = \sqrt{\varepsilon}$; im allgemeinen ist $n > \sqrt{\varepsilon}$. Ebenso kann der Wert des Reflexionsvermögens bei senkrechtem Lichteinfall, der sich durch Einsetzen von $n = \sqrt{\varepsilon}$ aus der FRESNELschen Formel: $R_\perp = \dfrac{(n-1)^2}{(n+1)^2}$ ergibt:

$$R_\perp = \frac{(\sqrt{\varepsilon}-1)^2}{(\sqrt{\varepsilon}+1)^2}$$

nur in dem gleichen Wellenlängengebiet richtig sein. Bei allen von LIEBISCH und RUBENS[1]) untersuchten Kristallen ist diese Beziehung im langwelligen Ultrarot erfüllt ($\lambda = $ ca. $3 \cdot 10^{-2}$ cm).

25. Allgemeine Aussagen über das Spektrum. Bandenstruktur. Die Strahlung von Verbindungen ist viel komplizierter als die der reinen Substanzen, infolgedessen ist eine mathematische Darstellung der experimentell gefundenen Strahlungseigenschaften in diesen Fällen nicht versucht worden. Die Intensitätsverteilung auf die einzelnen Gebiete ist infolge stark ausgeprägter Eigenfrequenzen anders als sie der aus der statistischen Verteilung abgeleiteten (Strahlung des S. K.) entspricht. Bei starker Anregung bestimmter Frequenzen erscheinen dem kontinuierlichen Spektrum ausgeprägte Banden überlagert, die jedoch mit zunehmender Temperaturbewegung im allgemeinen verwaschen werden und

---

[1]) TH. LIEBISCH u. H. RUBENS, Berl. Ber. 1919, S. 198 u. 876; 1921, S. 211.

schließlich bei hohen Temperaturen verschwinden; der selektive Charakter der Strahlung nimmt also ab.

Im allgemeinen tritt bei Steigerung der Temperatur zuerst eine Verflachung der Bande und gleichzeitig eine Verschiebung des Maximums nach der langwelligeren Seite des Spektrums auf.

Die genaue Festlegung der Schwingungszahlen der einzelnen Banden einiger Substanzen hat ergeben, daß es sich bei den ultraroten Banden um einzelne diskrete Grundschwingungen, von denen auch Oberschwingungen auftreten, handelt. Es ist versucht worden, die Banden in Serien, wie die Banden der Dampfspektren, einzuordnen. Zwischen den Einzelbanden sind dann die Differenzen der Schwingungszahlen ein Vielfaches einer Konstanten.

26. Beispiele für typische Bandenspektren. Für die Bandenstruktur, die die Spektren vieler Oxyde in einzelnen Wellenlängengebieten in ausgeprägter

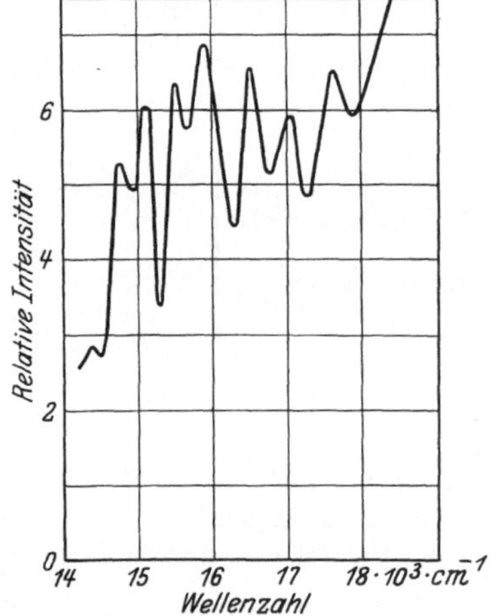

Abb. 47. Emissionsspektrum von Neodymoxyd. Strahlungsintensität in Abhängigkeit von der Schwingungszahl $(1/\lambda)$ bei etwa 1200 bis 1300° abs. bei Erhitzung in einer Wasserstofflamme nach Messungen von Nichols 1925.

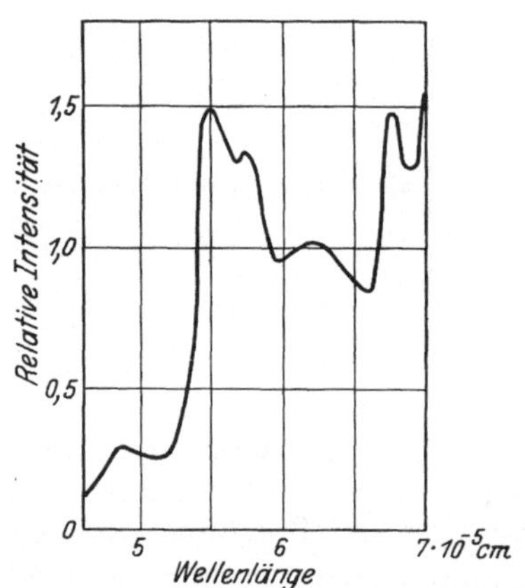

Abb. 48. Relative Intensität der Strahlung des Nioboxydes in Abhängigkeit von der Wellenlänge nach Messungen von Nichols 1925. (Temperatur etwa 1100° abs. an U_3O_8 gemessen; Erhitzung in einer Wasserstofflamme).

Weise zeigen, seien im folgenden einzelne Beispiele angeführt: für das sichtbare Gebiet Neodym-, Niob- und Erbiumoxyd, im Ultrarot Beryllium-, Magnesium-, Erbium-, Yttrium- und Zirkonoxyd.

Abb. 47 zeigt das Spektrum von Neodymoxyd, Abb. 48 das von Nioboxyd nach Messungen von Nichols[1]), Abb. 49 das von Erbiumoxyd nach Messungen von Mallory[2]). Alle drei Oxyde wurden als Preßkörper in der Wasserstofflamme untersucht. Für Neodymoxyd wurde außer dem Spektrum der festen Substanz noch das des in der Schmelzperle (Natriumammoniumbiphosphat) gelösten Oxyds von Nichols festgestellt. Die beiden Bandenspektren lassen sich nach Nichols in Serien einordnen, die je durch ein Vielfaches der Schwingungszahldifferenz $\Delta\nu_0' = 185$ cm^{-1} getrennt sind. Tabelle 12 gibt die Serien für die Strahlung der kompakten Substanz und des in der Schmelzperle gelösten Neodymoxydes. Die Erscheinung, daß das Bandenspektrum nur in einem begrenzten Temperaturintervall auftritt, ist am Rubin beim Erhitzen in der Wasserstofflamme

---

[1]) E. L. Nichols, Phys. Rev. Bd. 25, S. 376. 1925; Proc. Nat. Acad. Amer. Bd. 11, S. 47. 1925.

[2]) W. S. Mallory, l. c. S. 196.

zwischen $883-1048°$ abs. (Temperaturmessung vgl. Ziff. 4b) von NICHOLS und HOWES[1]) beobachtet worden (kontinuierliches Spektrum mit übergelagerten Banden, 21 im Gebiet $(4,26-7,6)\cdot10^{-5}$ cm, Frequenzintervall 37,6).

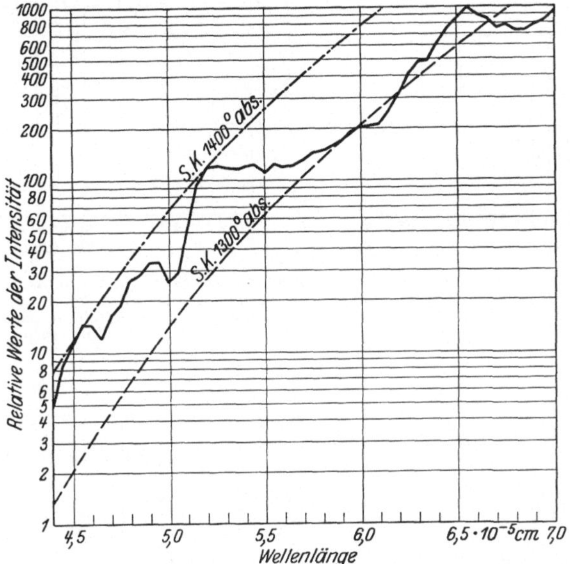

Abb. 49. Verlauf der Strahlungsintensität von Erbiumoxyd im sichtbaren Gebiet bei 1313° abs. bei Erhitzung mit einer Wasserstofflamme (vgl. Ziff. 31) nach Messungen von MALLORY 1919. Es sind außerdem im gleichen willkürlichen Maßstab die Werte der Strahlung des schwarzen Körpers bei 1300° und 1400° abs. eingetragen.

Die Ultrarotspektren von Magnesium- und Berylliumoxyd sind von TOLKSDORF[2]) untersucht worden. Es wurde die Durchlässigkeit von sehr dünnen Schichten, die auf Steinsalz oder auf Flußspat niedergeschlagen wurden, untersucht (Abb. 50 und 51). Die Banden können danach als Oberschwingungen von 1 resp. 3 Eigenfrequenzen bestimmt werden. Diese Werte sind in recht guter Übereinstimmung mit den nach der BORN-BRESTERschen Gittertheorie berechneten. Bei höheren Temperaturen wurde bei einer Anzahl von Oxyden die Strahlung im Ultrarot von SCHMIDT-REPS[3]) gemessen, Abb. 52 zeigt die Ergebnisse für Berylliumoxyd. Bei der geringen Auflösung des von SCHMIDT-REPS benutzten RUBENS-

Tabelle 12. Neodymoxyd-Emissionsbanden.

Spektrum der kompakten Substanz		Lösungsspektrum	
$\frac{1}{\lambda} = \nu'\ \mathrm{cm}^{-1}$	$\varDelta\nu'\ \mathrm{cm}^{-1}$	$\frac{1}{\lambda} = \nu'\ \mathrm{cm}^{-1}$	$\varDelta\nu'$
14410		15890	
	$2\cdot\varDelta\nu'_0$		$8\cdot\varDelta\nu'_0$
14780		17370	
	$2\cdot\varDelta\nu'_0$		$8\cdot\varDelta\nu'_0$
15150		18850	
	$2\cdot\varDelta\nu'_0$		$7\cdot\varDelta\nu'_0$
15520		20145	
	$2\cdot\varDelta\nu'_0$		$5\cdot\varDelta\nu'_0$
15890		21070	
	$6\cdot\varDelta\nu'_0$		
17000			
16510			
	$6\cdot\varDelta\nu'_0$	13550 (?)	
17620			$9\cdot\varDelta\nu'_0$
	$12\cdot\varDelta\nu'_0$	15215	
19840			$7\cdot\varDelta\nu'_0$
	$6\cdot\varDelta\nu'_0$	16510	
20950			

[1]) E. L. NICHOLS u. H. L. HOWES, Proc. Nat. Acad. Amer. Bd. 15, S. 139. 1929.
[2]) S. TOLKSDORF, ZS. f. phys. Chem. Bd. 132, S. 161. 1928.
[3]) H. SCHMIDT-REPS, l. c. S. 192.

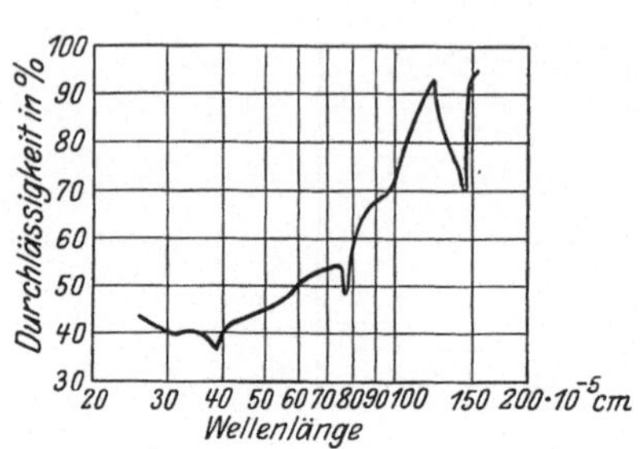

Abb. 50. Durchlässigkeit von hauchdünnen Schichten von Magnesiumoxyd im Ultrarot bei Zimmertemperatur in Abhängigkeit von der Wellenlänge nach Messungen von Tolksdorf 1928.

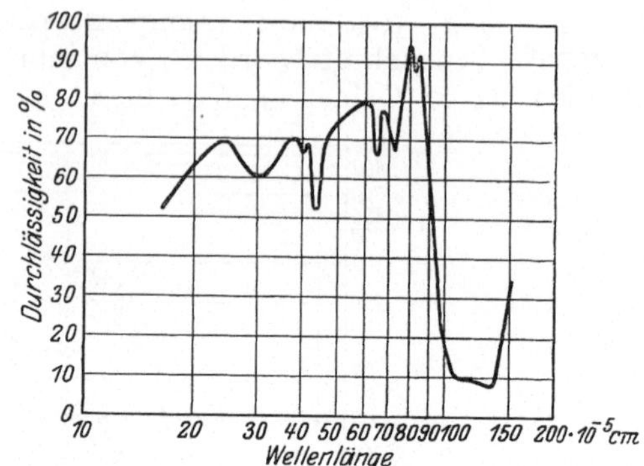

Abb. 51. Durchlässigkeit von hauchdünnen Schichten von Berylliumoxyd im Ultrarot bei Zimmertemperatur in Abhängigkeit von der Wellenlänge nach Messungen von Tolksdorf 1928.

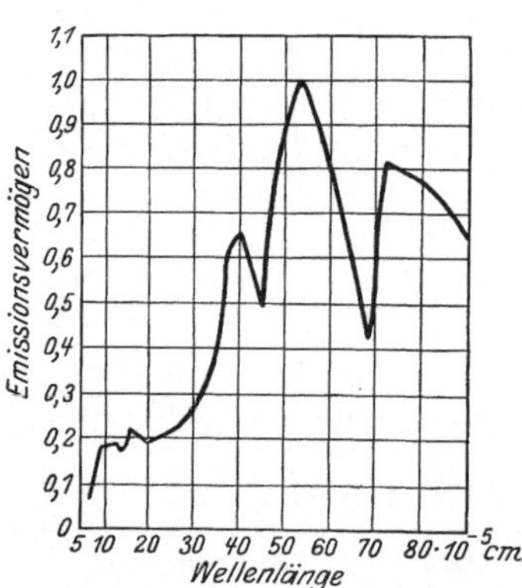

Abb. 52. Emissionsvermögen im Ultrarot von Berylliumoxyd bei 1973° abs. nach Messungen von Schmidt-Reps 1924/25 (Erhitzung im Leuchtgas-Sauerstoffgebläse).

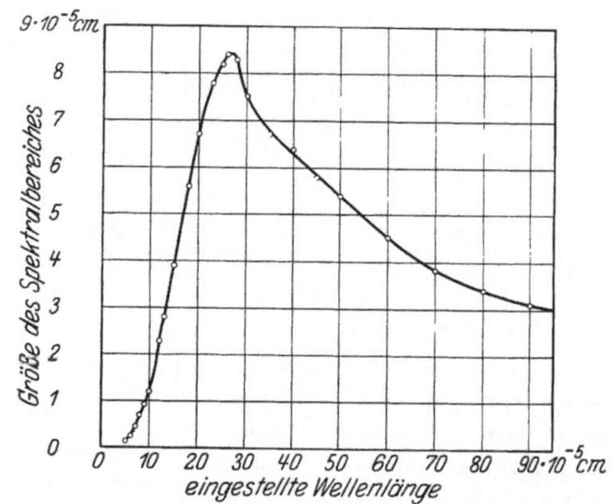

Abb. 53. Der gesamte in die Thermosäule gelangende Spektralbereich in Abhängigkeit von der eingestellten Wellenlänge für den von Schmidt-Reps (1924/25) benutzten Rubensschen Spiegelspektrographen.

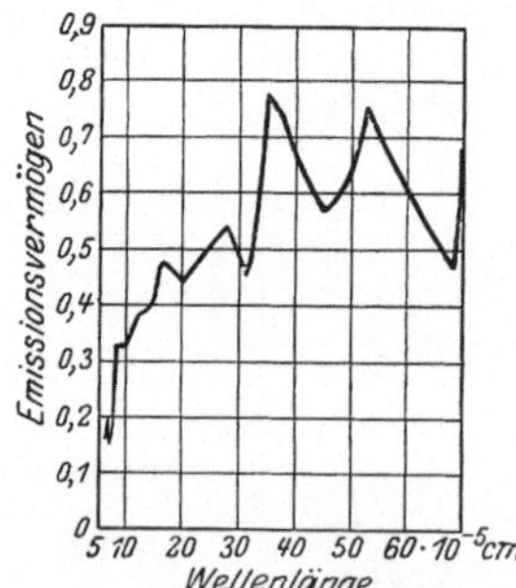

Abb. 54. Emissionsvermögen von Erbiumoxyd im Ultrarot bei 2243° abs. bei Erhitzung im Knallgasgebläse nach Messungen von Schmidt-Reps 1924/25.

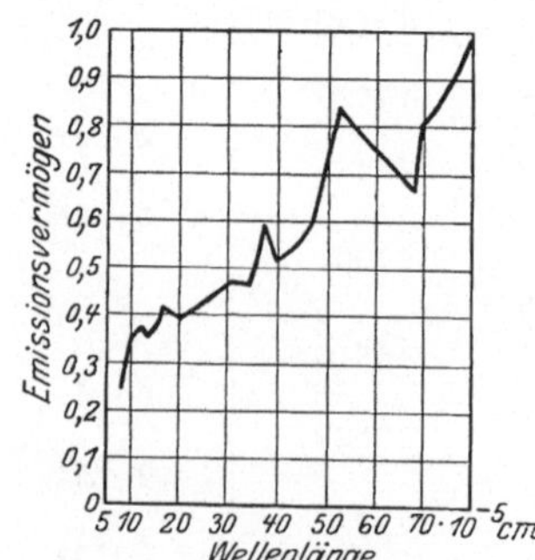

Abb. 55. Emissionsvermögen von Yttriumoxyd im Ultrarot bei 2203° abs. bei Erhitzung im Knallgasgebläse nach Messungen von Schmidt-Reps 1924/25.

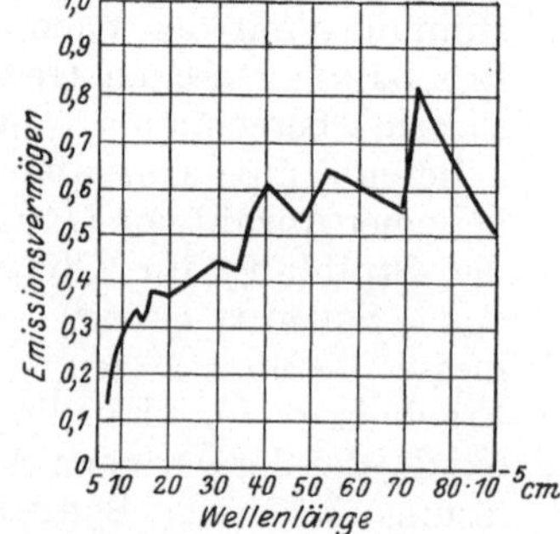

Abb. 56. Emissionsvermögen von Zirkonoxyd im Ultrarot bei 2233° abs. bei Erhitzung im Knallgasgebläse nach Messungen von Schmidt-Reps 1924/25.

schen Spiegelspektrometers (vgl. Abb. 53) sind feinere Einzelheiten nicht zu erkennen. Als weitere Beispiele sind die Messungen von SCHMIDT-REPS an Erbiumoxyd, Yttriumoxyd und Zirkonoxyd in Abb. 54, 55 und 56 wiedergegeben.

27. Veränderung der Strahlungseigenschaften mit der Temperatur. Einige Beispiele für die Verflachung der Emissionsbanden und Verschiebung der Maxima nach dem langwelligeren Gebiete sind im folgenden aufgeführt.

Der Nernststift hat bei verhältnismäßig niedrigen Temperaturen nach Untersuchungen von COBLENTZ[1]) ein ausgeprägtes Bandenspektrum im Ultrarot, bei höheren Temperaturen verflachen sich diese Banden stark, bei Betriebstemperatur sind sie kaum noch vorhanden. Im sichtbaren Gebiet flacht sich nach den Messungen von KURLBAUM und GÜNTHERSCHULZE[2]) mit steigender Temperatur die Emissionsbande im Grün so ab, daß aus dem anfänglich relativ scharfen Maximum bei $\lambda = 5,2 \cdot 10^{-5}$ cm ein verwaschenes zwischen $5,3 - 5,4 \cdot 10^{-5}$ wird. Das Emissionsvermögen nimmt mit steigender Temperatur stark zu. Dies zeigen die Messungen von WIEGAND[3]) (vgl. Abb. 45 und Tab. 15).

Weitere Untersuchungen über die Änderung der Strahlungseigenschaften bei Temperaturerhöhung sind von SCHAUM und WÜSTENFELD[4]) ausgeführt und erstrecken sich auf das sichtbare und das angrenzende ultrarote Gebiet. Danach verbreitern sich bei Temperatursteigerung die Absorptionsbanden besonders nach dem langwelligen Spektralgebiet hin, Absorptionslinien bleiben in der Lage erhalten. Emission und Absorption entsprechen sich. Zum Beispiel tritt bei Zinkoxyd bei Temperaturerhöhung die im Ultraviolett gelegene Absorptionsbande in das sichtbare Gebiet ein, die Absorption im Blau läßt dann die weiße Farbe in Gelb umschlagen. Ein ähnliches Verhalten weist auch Ceroxyd auf, die weiße Farbe schlägt in Gelb und schließlich in Rötlichgelb um; die Absorption dehnt sich immer mehr nach Rot aus. Das orangegefärbte Uranoxyd hat 2 Absorptionsbanden im Grün, die sich bei steigender Temperaturerhöhung nach dem roten Ende des Spektrums ausdehnen.

Weitere Beispiele sind die schon in Ziffer 26 erwähnten Untersuchungen von NICHOLS und HOWES[5]) und von NICHOLS[6] an Neodymoxyd (Abb. 47). Im sichtbaren Gebiet sind bei Temperaturen bis etwa 1000° abs. mehrere Banden im Spektrum vorhanden, Erhöhung der Temperatur auf etwa 1300° abs. läßt die Bandenstruktur verschwinden. Auch bei Erbiumoxyd verschwinden nach Beobachtungen von MALLORY[7]) die Banden bei höheren Temperaturen. Im Ultrarot tritt evtl. die Verflachung des Bandenspektrums später auf, dort ist, wie z. B. Abb. 54 zeigt, bei Erbiumoxyd noch bei etwa 2200° abs. Bandenstruktur vorhanden. Auch andere Oxyde (Abb. 52, 55, 56 u. 81) haben hier noch ein Bandenspektrum.

Temperaturerniedrigung (100° abs.) bewirkt nach den Untersuchungen von REINKOBER[8]) an den Ammoniumhalogensalzen und Ammoniumnitrat eine Verschiebung der im Ultrarot gelegenen Schwingungsbanden nach kürzeren Wellenlängen um 0,015 bis 0,02 μ.

Auch an durchsichtigen Einkristallen sind gleichartige Beobachtungen gemacht worden. HENNING und HEUSE[9]) fanden beim Rubin, daß sich das bei Zimmertemperatur deutlich ausgeprägte Absorptionsmaximum (Maximum bei $\lambda = 5,1$

[1]) W. W. COBLENTZ, Jahrb. f. Radioakt. Bd. 7, S. 123. 1910.
[2]) F. KURLBAUM u. A. GÜNTHERSCHULZE, Verh. d. D. Phys. Ges. Bd. 5, S. 428. 1903.
[3]) E. WIEGAND, Dissert. Berlin 1923; ZS. f. Phys. Bd. 30, S. 40. 1924.
[4]) K. SCHAUM u. H. WÜSTENFELD, l. c. S. 197.
[5]) E. L. NICHOLS u. H. L. HOWES, l. c. S. 197.
[6]) E. L. NICHOLS, l. c. S. 197.
[7]) W. S. MALLORY, l. c. S. 196.
[8]) O. REINKOBER, ZS. f. Phys. Bd. 3, S. 318. 1920; Bd. 5, S. 192. 1921.
[9]) F. HENNING u. W. HEUSE, l. c. S. 192.

und $\lambda = 5,25 \cdot 10^{-5}$ cm) bei Temperaturerhöhung schnell verbreitert, und bei 1023° abs. bereits in gleicher Stärke über das ganze sichtbare Gebiet erstreckt. Das Maximum, das dann sehr flach ist, ist nach längeren Wellenlängen verschoben; bei 1373° liegt das Maximum bei $5,8 \cdot 10^{-5}$ cm. Das Maximum ist bei 1370° abs. so flach, daß eine 9 mm dicke Schicht im Sichtbaren nahezu wie ein grauer Körper von Emissionsvermögen 0,8 strahlt. Ein Bild der Veränderungen des Emissionsvermögens und der Durchlässigkeit für einen Rubinkristall von 2,39 mm Dicke geben Abb. 57 und 58. Kühlt man den Rubin bis auf 173° abs. ab, so tritt nur eine geringe Verschiebung der Absorptionsbande auf. Das Maximum der Kurve verlagert sich nach kurzen Wellenlängen hin. Die Verschiebung beträgt etwa $0,02\,\mu$. Bei 173° abs. sind 4 Absorptionslinien, 2 in blau, 2 in gelb, vorhanden. Bei Zimmertemperatur sind die gelben nicht mehr feststellbar. Bei weiterer Erwärmung verschwinden auch die blauen. Die Erhitzung geschah durch ein Einbringen des auf einen Platinstreifen gelegten Kristalls in die Bunsenflamme.

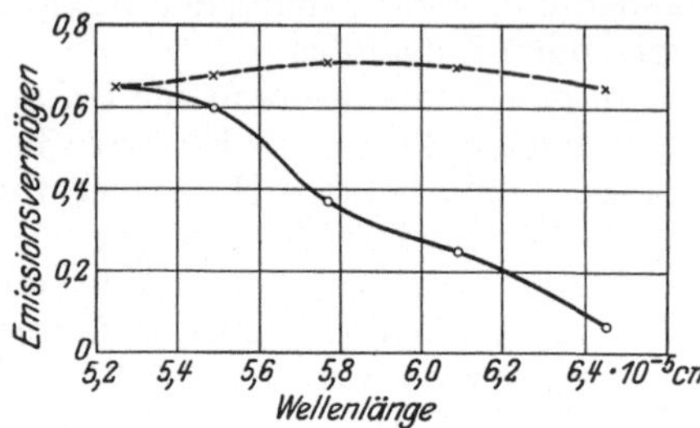

Abb. 57. Emissionsvermögen eines 2,39 mm dicken Rubinkristalls in Abhängigkeit von der Wellenlänge.
———— bei Zimmertemperatur
— — — — bei 1373° abs.
nach Messungen von Henning u. Heuse 1923.

Das von Nichols und Howes[1] am Rubin bei Erhitzung in der Wasserstoffflamme beobachtete Bandenspektrum (vgl. vorhergehende Ziffer) tritt in dem Temperaturintervall auf, in dem sich nach diesen Untersuchungen das Reflexions- und Absorptionsvermögen des Rubins stark ändern, deshalb bezeichnen Nichols und Howes das Bandenspektrum als Umwandlungsspektrum.

Die Änderung des Reflexionsvermögens bei Temperaturerhöhung ist bei undurchsichtigen Substanzen aus der Änderung des Emissionsvermögens zu erschließen. Anders liegen die Verhältnisse bei klar durchsichtigen oder durchscheinenden Substanzen, wie sie in Kristallen und einigen Oxydskeletten vorliegen. Das Verhalten des Reflexionsvermögens bei Temperaturerhöhung sei für diese an einigen Beispielen gezeigt. Die Befunde von Ives, Kingsburry und Karrer[2] an dem Auerstrumpf für das sichtbare Gebiet sind in Abb. 59 wiedergegeben. Es ist das Verhältnis des Reflexionsvermögens im heißen Zustande zu dem bei Zimmertemperatur aufgetragen. Man sieht, daß das Reflexionsvermögen des heißen Mantels im blauen und grünen Teil des Spektrums viel geringer als bei Zimmertemperatur ist. Außer für den Auerstrumpf mit 0,75% Ceroxyd ist noch das Verhältnis der Reflexionsvermögen eines 20 proz. Ceroxydstrumpfes eingetragen, und zwar erstens beim Brennen in der aktiven Flammen-

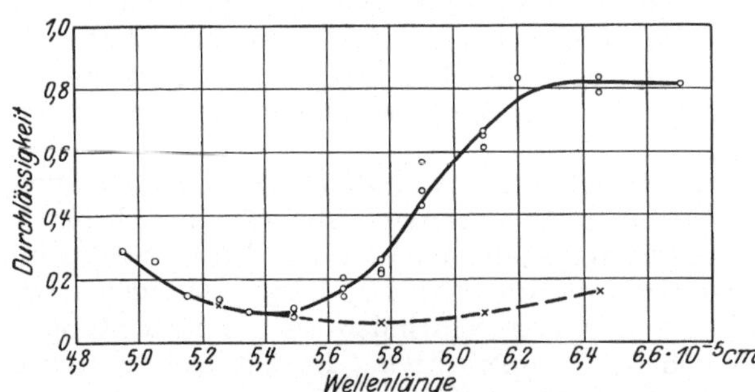

Abb. 58. Durchlässigkeit eines 2,39 mm dicken Rubinkristalls in Abhängigkeit von der Wellenlänge
———— bei Zimmertemperatur
— — — — bei 1373° abs.
nach Messungen von Henning u. Heuse 1923.

[1]) E. L. Nichols u. H. L. Howes, l. c. S. 245.
[2]) H. E. Ives, E. J. Kingsburry u. K. Karrer, l. c. S. 195.

zone und zweitens beim Brennen in der reduzierenden Flammenzone. Ein weiteres Beispiel ist in Abb. 60 u. 61 für Auerstrümpfe aus Thoroxyd mit verschieden großem Uranoxydzusatz gegeben. Es ist in Abb. 60 für die Wellenlänge $4{,}5 \cdot 10^{-5}$ cm das Reflexionsvermögen und in Abb. 61 das Verhältnis des Reflexionsvermögens im heißen zu dem im kalten Zustande in Abhängigkeit von dem Uranoxydgehalt eingetragen.

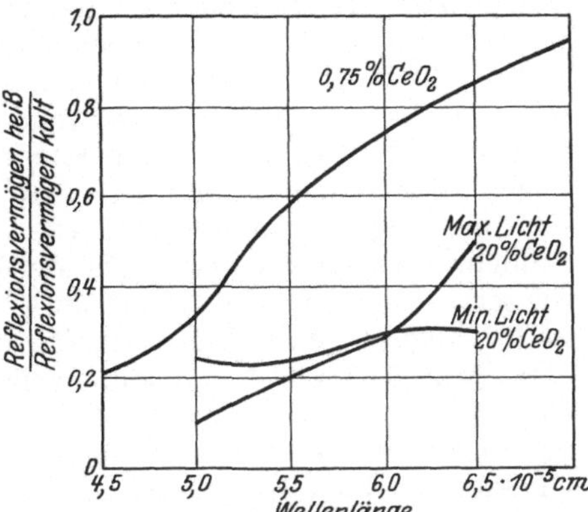

Abb. 59. Verhältnis der an kalten und erhitzten Oxydskeletten (Thoroxyd mit 0.75% Ceroxyd und 20% Ceroxyd) gemessenen Reflexionsvermögen in Abhängigkeit von der Wellenlänge nach Ives, Kingsburry u. Karrer 1918. (Einstellung für den Strumpf mit 20% Ceroxyd auf Lichtmaximum und Lichtminimum).

Die Änderung des Reflexionsvermögens, die von Henning und Heuse[1]) an Rubin zwischen Zimmertemperatur und 1373° abs. bestimmt wurde, ist in Tabelle 13 wiedergegeben.

Bei farblosen durchsichtigen Substanzen scheint in manchen Fällen eine Temperaturerhöhung das Emissionsvermögen im sichtbaren Gebiet wenig zu vergrößern; dies zeigen die Messungen von Henning und Heuse[1]) am Saphir und von Gehlhoff und Thomas[2]) an flüssigem Glas. Der Saphir hat bei 1373° abs. im Sichtbaren ein Emissionsvermögen von 0,001. Flüssiges Glas ist bei etwa 1500° abs. im sichtbaren Gebiet noch so durch-

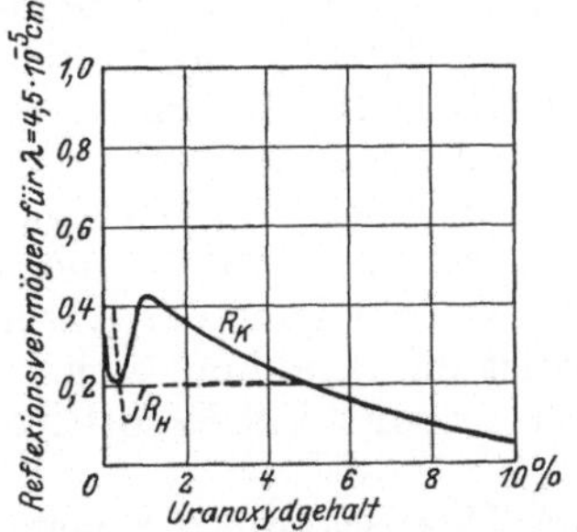

Abb. 60. Reflexionsvermögen für die Wellenlänge $4{,}5 \cdot 10^{-5}$ cm für kalte und in der Gasglühlichtflamme erhitzte Oxydskelette aus Thoroxyd und Uranoxyd in Abhängigkeit vom Uranoxydgehalt nach Messungen von Ives, Kingsburry u. Karrer 1918.

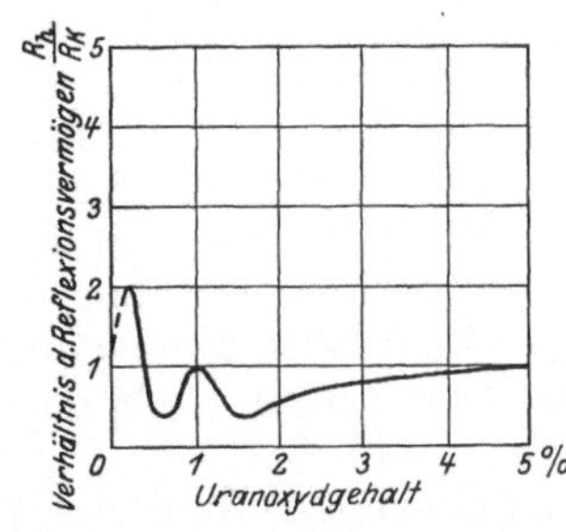

Abb. 61. Verhältniswerte der am kalten und erhitzten Oxydskelett (Thoroxyd mit Uranoxyd) gemessenen Reflexionsvermögen für die Wellenlänge $\lambda = 4{,}5 \cdot 10^{-5}$ cm in Abhängigkeit vom Uranoxydgehalt nach Messungen von Ives, Kingsburry u. Karrer 1918.

sichtig, daß im Glashafen erst bei 30 cm Glasdicke die Strahlung des Glases mit der der Wandungen bei pyrometrischen Messungen als schwarz angesehen werden kann.

An kleinkristallinen Oxyden wurde die Änderung des Reflexionsvermögens in Abhängigkeit von der Temperatur von Schaum und Wüstenfeld[3]) untersucht. Die Befunde an den einzelnen Oxyden sind so verschiedenartig, daß sie nicht einheitlich zusammengefaßt werden können (Einzelergebnisse s. Tabelle 15).

Tabelle 13. Reflexionsvermögen von Rubin.

λ	bei Zimmertemperatur	bei 1373° abs.
$5{,}25 \cdot 10^{-5}$ cm	0,2	0,21
$5{,}49 \cdot 10^{-5}$,,	0,26	0,21
$5{,}77 \cdot 10^{-5}$,,	0,26	0,21
$6{,}09 \cdot 10^{-5}$,,	0,07	0,19
$6{,}45 \cdot 10^{-5}$,,	0,07	0,18

---

[1]) F. Henning u. W. Heuse, l. c. S. 192.
[2]) G. Gehlhoff u. M. Thomas, Glastechn. Ber. Bd. 4, S. 210. 1626/27.
[3]) K. Schaum u. H. Wüstenfeld, l. c. S. 197.

28. Änderung der Strahlung durch Beimengungen. Allgemein läßt sich über die Wirkung von Zusätzen nichts voraussagen; die Mischung kann in verschiedenster Art erfolgen, wie im einzelnen aus den Zustandschaubildern zu entnehmen wäre. Tritt eine homogene Lösung ein, wie es z. B. bei der Bildung des Rubinkristalls geschieht, so kann eine vollständige Änderung der Strahlung in einzelnen Gebieten auftreten, während andere Wellenlängenbereiche ungeändert bleiben. Die Messungen von Henning und Heuse[1] an Saphir und Rubin zeigen dies. Beim Saphir, der aus durchsichtigem Aluminiumoxyd besteht, sind im langwelligen Gebiet Stellen selektiver Absorption und Emission vorhanden. Im sichtbaren Gebiet ist der klare Stein auch bei höheren Temperaturen, wie schon erwähnt, sehr durchsichtig. Die Durchlässigkeit bei Zimmertemperatur ist im langwelligen Gebiet nach Messungen von Henning und Heuse an einem Stein von $9{,}6 \cdot 4{,}8 \cdot 4$ mm für Wellenlängen bis $40 \cdot 10^{-5}$ cm etwa 0,78, für $40 - 80 \cdot 10^{-5}$ cm etwa 0,47, für $\lambda > 80 \cdot 10^{-5}$ cm etwa 0,53. Das Emissionsvermögen ändert sich im sichtbaren Gebiet wenig mit der Temperatur. Im Ultrarot scheinen dagegen Änderungen aufzutreten. Bei $1423°$ abs. beträgt das Emissionsvermögen des Saphirs in der Bunsenflamme (Strahlung des Steins und der Flamme) 0,04 für λ kleiner als $28 \cdot 10^{-5}$ cm, 0,06 für λ von 28 bis $40 \cdot 10^{-5}$ cm, 0,83 für λ von 40 bis $80 \cdot 10^{-5}$ cm, 0,32 für λ größer als $80 \cdot 10^{-5}$ cm. Das Gesamtemissionsvermögen in der Bunsenflamme beträgt etwa 0,24.

Zusatz von 2% Chromoxyd zum Aluminiumoxyd verfärbt den Saphir zum Rubin. Die durch den Zusatz bedingte Änderung der Strahlungseigenschaften zeigt sich vor allem im Sichtbaren. Die Farbe des Rubins ist bei Zimmertemperatur rot mit einem Stich ins Bläuliche. Erwärmt man ihn und betrachtet man ihn gegen einen weißen Hintergrund, so sieht er zunächst rotbraun, dann grau aus und schließlich leuchtet er gelblich. Nach Nichols und Howes[2] findet bei Erhitzung in der Wasserstoffflamme die Änderung, wie schon erwähnt, zwischen 883 und $1048°$ abs. statt. Die Änderung der Durchlässigkeit und des Emissionsvermögens bei Erwärmung sind bereits in Abb. 57 und 15 dargestellt, ebenso ist der Rubin als Beispiel für die Verschiebung der Absorptionsbande bereits in Ziff. 27 erwähnt. Im Ultrarot ist die Strahlung gleich der des Saphirs. Dies zeigen auch die Messungen von Skaupy und Schmidt-Reps[3] (vgl. Abb. 3 und 4).

Ein ähnliches Verhalten zeigen auch die aus Thoroxyd mit geringem Zusatz von Ceroxyd hergestellten Auerstrümpfe. Die Änderung ist bei geringen Beimengungen sehr groß im sichtbaren Gebiet, vor allem im Blau, während sie im Ultrarot gering bleibt; bei Zusatz von steigenden Mengen Ceroxyd ändert sich die Strahlung im sichtbaren Gebiet nicht mehr im Blau, noch etwas im Grün und Rot, im Ultrarot jedoch noch stark. Abb. 62 zeigt die Änderung der Emissionsvermögen der Oxydskelette in der Flamme bei Änderungen des Ceroxydgehaltes nach Ives, Kingsbury und Karrer[4] für die Wellenlängen $4{,}2 \cdot 10^{-5}$ cm, $7 \cdot 10^{-5}$ cm und $15 \cdot 10^{-5}$ cm. Abb. 63 zeigt die Emissionsvermögen im Sichtbaren für Oxydskelette bestimmter Ceroxyd-Thoroxydmischungen. Die Strahlung der Auerstrümpfe aus Mischungen von Thor- und Manganoxyd ändert sich noch weit komplizierter mit der Zusammensetzung. Es tritt hier nach anfänglichem Steigen des Emissionsvermögens mit wachsendem Manganoxydzusatz im roten und kurzwelligen Ultrarot eine Abnahme ein; im langwelligeren Ultrarot nimmt dagegen das

---

[1] F. Henning u. W. Heuse, l. c. S. 192.
[2] E. L. Nichols u. H. L. Howes, l. c. S. 245.
[3] F. Skaupy, l. c. S. 192; H. Schmidt-Reps, l. c. S. 192.
[4] H. E. Ives, E. J. Kingsbury u. K. Karrer, l. c. S. 195.

Emissionsvermögen weiter zu. Abb. 64 und 65 zeigen dies. In komplizierter Weise ändert sich auch das Emissionsvermögen von Mischungen aus Thoroxyd und

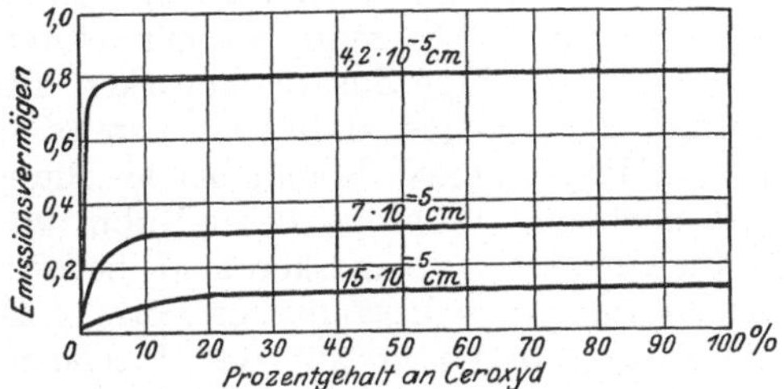

Abb. 62. Emissionsvermögen für die Wellenlängen 4,2, 7 und $15 \cdot 10^{-5}$ cm von in der Gasglühlichtflamme erhitzen Oxydskeletten aus Cer- und Thoroxyd in Abhängigkeit vom Ceroxydgehalt nach Messungen von Ives, Kingsburry u. Karrer 1918.

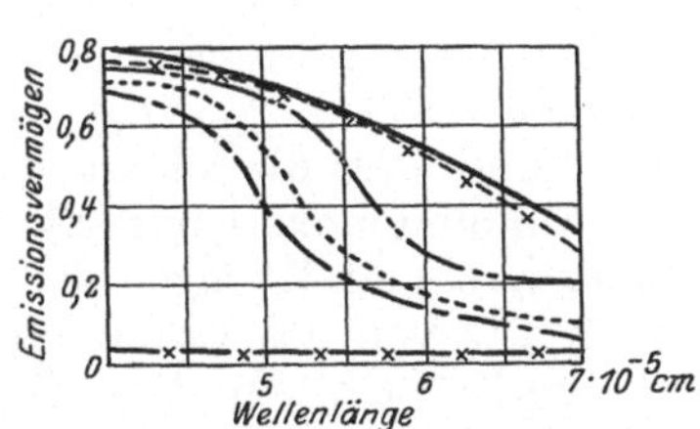

Abb. 63. Emissionsvermögen im sichtbaren Gebiet für im Gasglühlichtbrenner erhitzte Thoroxyd-Ceroxydkelette nach Ives, Kingsburry u. Karrer 1918.

———————————— 100 % Ceroxydgehalt
— —+— —+— —   6 % „
——— ·· ——— ·· ——   0,75% „
· · · · · · · · · · · · · · · ·   0,25% „
— — — — — — -   0,1 % „
——×——×——×   100 % Thoroxydgehalt

Uranoxyd; aus Abb. 66 ist das Verhalten für einige Wellenlängen zu ersehen. Das Verhalten der Mischungen aus Thoroxyd und Praseodymoxyd zeigt Abb. 67.

Einen fast gleichmäßigen Anstieg des Emissionsvermögens auch im sichtbaren Gebiet zeigen Mischungen von Thoroxyd mit Neodymoxyd (Abb. 68).

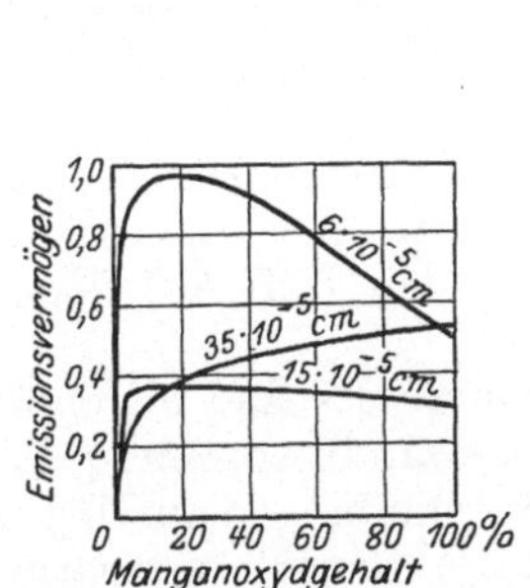

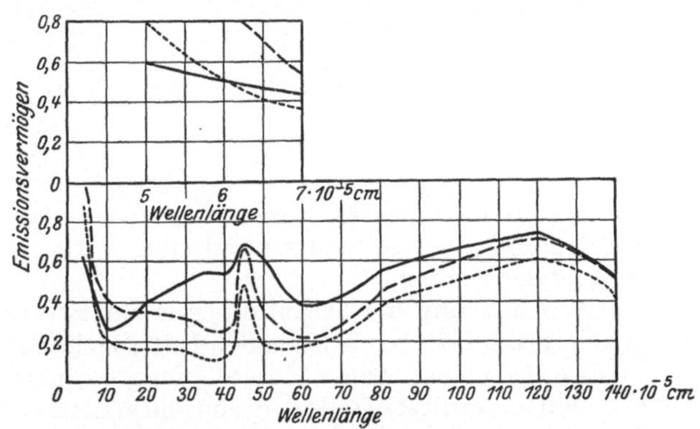

Abb. 64. Emissionsvermögen von im Gasglühlichtbrenner erhitzten Thoroxyd-Manganoxydskeletten in Abhängigkeit vom Manganoxydgehalt für die Wellenlängen $6 \cdot 10^{-5}$ cm, $15 \cdot 10^{-5}$ cm und $35 \cdot 10^{-5}$ cm nach Messungen von Ives, Kingsburry u. Karrer 1918.

Abb. 65. Emissionsvermögen im Sichtbaren und im Ultrarot von im Gasglühlichtbrenner erhitzten Thoroxyd-Manganoxydskeletten nach Messungen von Ives, Kingsburry u. Karrer 1918.
— — — — — — — 1% Manganoxyd
— — — — — 5% „
——————— 100% „

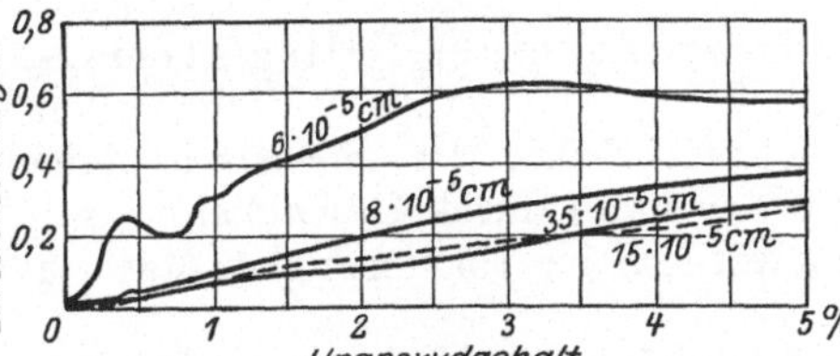

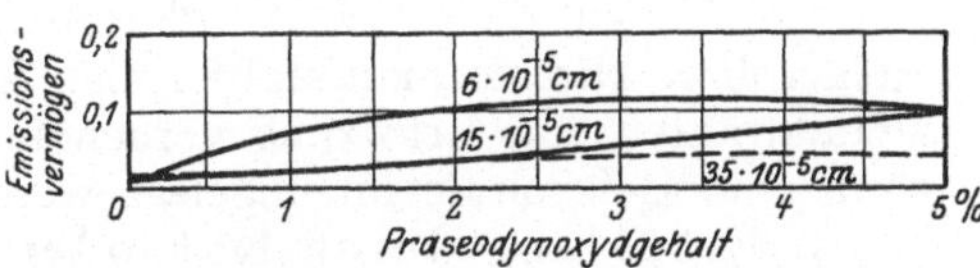

Abb. 66. Emissionsvermögen von im Gasglühlichtbrenner erhitzten Thoroxyd-Uranoxydskeletten in Abhängigkeit vom Uranoxydgehalt für die Wellenlängen $6 \cdot 10^{-5}$ cm, $8 \cdot 10^{-5}$ cm, $15 \cdot 10^{-5}$ cm und $35 \cdot 10^{-5}$ cm nach Messungen von Ives, Kingsburry u. Karrer 1918.

Abb. 67. Emissionsvermögen von Thoroxyd-Praseodymoxydskeletten in Abhängigkeit vom Praseodymoxydgehalt für die Wellenlängen $6 \cdot 10^{-5}$ cm, $15 \cdot 10^{-5}$ cm und $35 \cdot 10^{-5}$ cm nach Messungen von Ives, Kingsburry u. Karrer 1918. (Erhitzung in dem Gasglühlichtbrenner.)

Betrachtet man alle diese Beispiele und berücksichtigt zugleich, daß reines Thoroxyd ebenso wie Aluminiumoxyd im sichtbaren Gebiet durchsichtig ist, so sieht man, daß bei günstiger Art der Einlagerung die geringe Menge der Fremdmoleküle in ihrem Absorptionsgebiet (sichtbares Gebiet) schon ihre charakteristische Strahlung zeigt, während im Ultrarot noch die Strahlung der Grundsubstanz vorherrscht. Andersartige Änderungen findet man bei der Untersuchung von Gemengen pulverförmiger Körper. Geringe Zusätze bewirken hier eine weit größere Änderung der Strahlung. Ein Beispiel dafür ist bereits in Abb. 3 und 4 für die ultrarote Strahlung des Aluminiumoxyds und der Mischung von Aluminiumoxyd mit 2% Chromoxyd gegeben. Während beim Rubin und Saphir kaum Änderungen der Strahlung im Ultrarot zu bemerken sind, bewirkt der Zusatz von 2% Chromoxyd zu Aluminiumoxyd in keramischer Form z. B. bei $12 \cdot 10^{-5}$ cm ein Anwachsen der Strahlungsintensität auf das Vierfache.

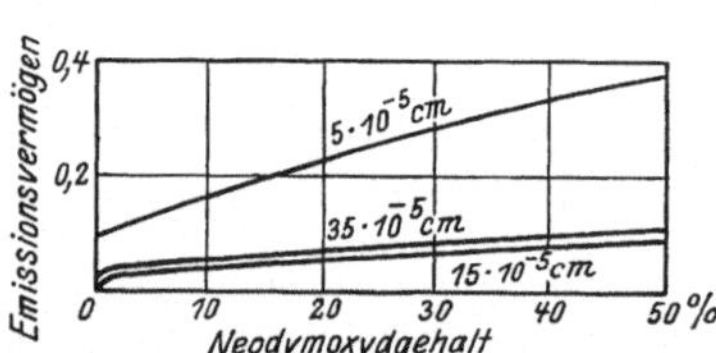

Abb. 68. Emissionsvermögen von Thoroxyd-Neodymoxydskeletten in Abhängigkeit vom Neodymoxydgehalt für die Wellenlängen $5 \cdot 10^{-5}$ cm, $15 \cdot 10^{-5}$ cm und $35 \cdot 10^{-5}$ cm nach Messungen von Ives, Kingsburry u. Karrer (1918) bei Erhitzung im Gasglühlichtbrenner.

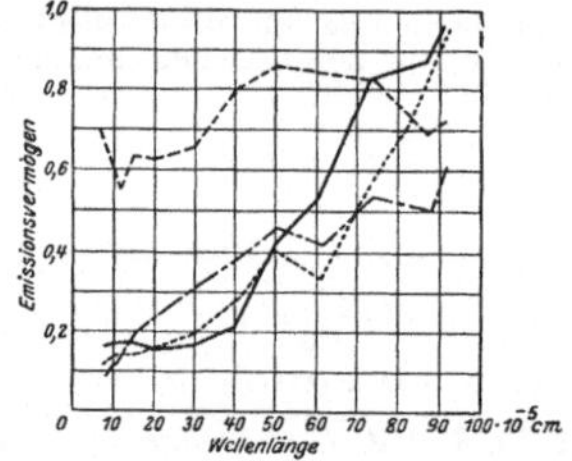

Abb. 69. Emissionsvermögen von Preßkörpern aus Thoroxyd, Ceroxyd und Auermasse im Ultrarot.

Material	Temperatur	Erhitzungsart
────── Thoroxyd	bei 1798° abs.	Leuchtgas-Sauerstoffgebläse
─·─·─· „	„ 2203° abs.	Knallgasgebläse
─ ─ ─ Ceroxyd	„ 1813° abs.	Leuchtgas-Sauerstoffgebläse
········ Auermasse	„ 1823° abs.	„

nach Messungen von Schmidt-Reps 1924/25.

Abb. 69 zeigt, wie stark der geringe Zusatz von 0,75% Ceroxyd zum Thoroxyd bei keramischen Massen das Emissionsvermögen ändert. Auf die Änderung der Strahlung infolge Strukturänderung wird im folgenden (Ziff. 30) nochmals eingegangen werden.

29. Änderung der Strahlung mit der Erhitzungsart. Es sind folgende Erhitzungsarten bei den vorliegenden Untersuchungen angewandt worden: 1. Elektrische Heizung. Außer Kohle können auch einige Verbindungen durch Joulesche Wärme erhitzt werden, wenn ihre Leitfähigkeit (evt. nach Vorwärmung) groß genug und eine elektrolytische Zersetzung gering oder nicht vorhanden ist. Von nicht metallisch leitenden Körpern ist die Strahlung von Uranoxyd, Nernstmasse (Zirkonoxyd mit 15% Yttererden) und einigen Silikaten untersucht. Die Erhitzung dieser Stoffe kann im Vakuum oder in passender Gasatmosphäre vorgenommen werden.

2. Erwärmung durch elektrische Heizung eines Hilfsmaterials. Auf leitenden Unterlagen können Schichten beliebigen Materials erhitzt werden. Als Unterlagen dienen z. B. Platinband, Kupferblöcke, der Nernststift oder Kohlerohre. Nimmt man stabförmige Körper, so kann durch Umwickelung mit Metalldrähten eine Erhitzung vorgenommen werden, bei rohrförmigem Material kann eine Heizspirale hineingelegt werden.

3. Erhitzung durch Kathodenstrahlen. Die Erhitzung mittels Kathodenstrahlen kann nur im Vakuum geschehen. Da viele Oxyde hohe Zersetzungsdrucke haben, bilden sich vielfach auf der Oberfläche Suboxyde.

4. Erhitzung in Flammen. Die Flammenerhitzung ist nicht einheitlich. Je nach der zur Erzeugung der Flamme benutzten Gase ist die das erhitzte Material umgebende Atmosphäre verschieden; außerdem wechselt die Flammengaszusammensetzung in den einzelnen Zonen. Benutzt wurden zur Erhitzung

Flammen oder Gebläse aus Leuchtgas-Luft, Leuchtgas-Sauerstoff und Sauerstoff-Wasserstoff.

Die Änderung der Strahlung unter Einwirkung der Flammengase wird am klarsten bei Betrachtung der Lumineszenzerscheinung, die vor der Rotglut auftritt, gezeigt. Solche Leuchterscheinungen sind zum Beispiel bei Zinksulfid, Siliziumdioxyd, Zirkonoxyd u. a. m. beim Erhitzen in der Wasserstoffflamme beobachtet worden. Die Farbe des Leuchtens kann verschieden sein. Die Erscheinung wird Blauglut genannt, wenn beim Erhitzen von festen Körpern in der Flamme vor Beginn der Rotglut ein blaues Leuchten zu beobachten ist. Die Leuchtdichte im Blau und teilweise im angrenzenden Grün ist dann viel höher als die im Rot. Die Erscheinung tritt nur in der aktiven Flammenzone auf. Mit Temperatursteigerung nimmt das blaue Leuchten ab. Es entsteht allmählich eine Energieverteilung im Spektrum, wie sie bei dem schwarzen Körper vorhanden ist. Als Lumineszenzerscheinung ist die Blauglut jedenfalls anzusprechen, dafür spricht die vollständige Änderung des Strahlungscharakters bei Änderung der Erhitzungsart oder auch der Stellung in der Flamme. Es tritt auch eine Änderung der Strahlung ein, wenn sich die Oberfläche des Körpers im Laufe der Untersuchung ändert. Da bei dem vorliegenden Untersuchungsmaterial die Temperaturen häufig nicht genau bestimmt werden konnten (vgl. Ziff. 4), ist ein Vergleich mit der Strahlung des schwarzen Körpers nicht möglich. Als Erklärung für die Blauglut wird von NICHOLS[1]), der vor allem diese Erscheinung untersuchte, eine vorhandene Unstabilität der Oxyde angenommen. Eine leichte Abgabe von Sauerstoff bei Temperaturerhöhung ist den Oxyden, die die Blauglut zeigen, gemeinsam. Es kann eine Reduktion mit nachfolgender Oxydation im Wechselprozeß auftreten und die freiwerdende chemische Energie vielleicht für die Blauglut verantwortlich gemacht werden. (In der Tabelle 14 ist eine Übersicht über die Lumineszenzerscheinungen gegeben).

PHILLIPS[2]) berechnete in einigen Fällen die Dissoziationsenergie und fand, daß sie zur Anregung ultravioletter Linien ausreicht. Demnach muß die Blauglut als eine Fluoreszenz- oder Phosphoreszenzerscheinung angesprochen werden.

Als Beispiel für die Änderung der Blauglut bei Verschiebung der Substanz aus der aktiven in die reduzierende Flammenzone ist in Abb. 70. nach den Untersuchungen von NICHOLS[3]) an Titanoxyd das Leuchtdichtenverhältnis in den beiden Flammenzonen für rotes, grünes und blaues Licht aufgetragen.

Über die Änderung der Strahlung mit der Flammenzusammensetzung (Leuchtgas-Luft- und Leuchtgas-Sauerstoffflamme) geben auch die Untersuchungen von PHILLIPS[2]) Auskunft. Da bei diesen Untersuchungen die wahre Temperatur nicht gemessen wurde, hat PHILLIPS den Vergleich bei gleichen schwarzen Temperaturen im Rot vorgenommen. Aus den Abb. 71—76 sind die Unterschiede, die bei Erhitzung in diesen Flammen auftreten, für Thoroxyd, Aluminiumoxyd, Ceroxyd, Zirkonoxyd, Magnesiumoxyd und Berylliumoxyd zu ersehen. Es ist das Verhältnis der Leuchtdichte des Strahlers im Blau zu der eines schwarzen Körpers, der sich auf der Temperatur befindet, die sich aus der Leuchtdichtemessung im Rot am Strahler ergibt, in Abhängigkeit von dieser Temperatur aufgetragen; dies sei „relatives Emissionsvermögen" genannt. Außerdem ist das gleiche Verhältnis für die Gesamtleuchtdichte aufgetragen. Die Strahlung der untersuchten Oxyde und ihre Änderung mit der Erhitzungsart ist demnach sehr verschieden. Z. B. ist bei Aluminiumoxyd die Leuchtdichte im Blau in der Leuchtgas-Luftflamme stark erhöht im Vergleich zu der in der

---

[1]) E. L. NICHOLS, l. c. S. 197.
[2]) M. L. PHILLIPS, Phys. Rev. Bd. 32, S. 832. 1928.
[3]) E. L. NICHOLS, Phys. Rev. Bd. 22, S. 420. 1923.

Leuchtgas-Sauerstoffflamme. Bei Thor-, Zirkon- und Magnesiumoxyd ist das Verhalten umgekehrt.

Ein weiteres Beispiel geben die Untersuchungen von Ives, Kingsburry und Karrer[1]) an einem Oxydskelett aus 75% Neodym- und 25% Thoroxyd

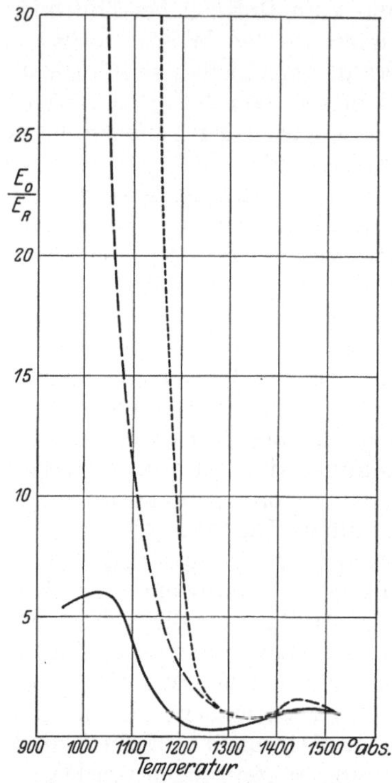

Abb. 70. Werte des Verhältnisses der Strahlung von Titanoxyd bei Erhitzung in der aktiven und in der reduzierenden Flammenzone (Meßfleck: Uranoxyd auf gleicher Temperatur) nach Nichols 1923. ——— für rotes, — — für grünes, ······ für blaues Licht.

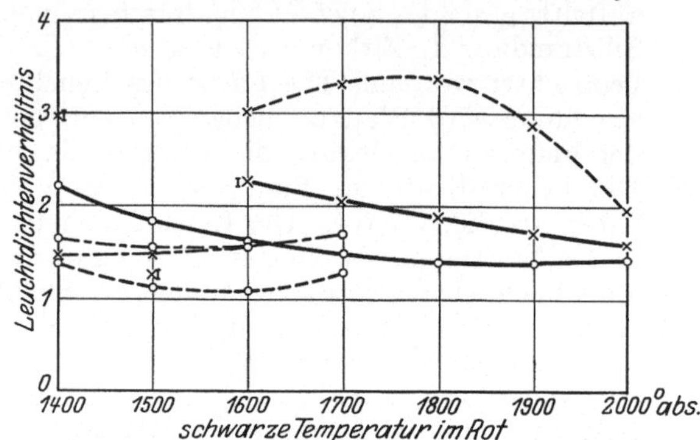

Abb. 71. Abhängigkeit des Verhältnisses der Leuchtdichte im Blau L_B und der Gesamtleuchtdichte L_G von Thoroxyd zu den entsprechenden Leuchtdichten der Strahlung eines schwarzen Körpers, der sich auf der Temperatur, die sich aus der Leuchtdichtemessung im Rot am Thoroxyd ergibt, befindet, nach Messungen von Phillips 1928.
— · — · —× L_B bei Erhitzung mit einer Leuchtgasluftflamme
— · — · —o L_G „   „   „   „   „
————× L_B „   „   „   „   Leuchtgassauerstoff-
————o L_G „   „   „   „   „   flamme
— — —× L_B „   „   „   Kathodenstrahlen
— — —o L_G „   „   „   „

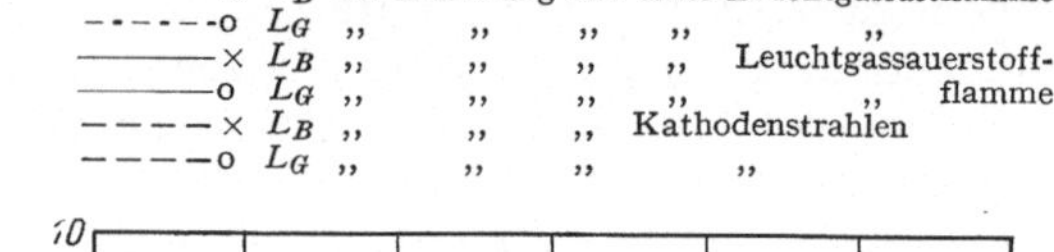

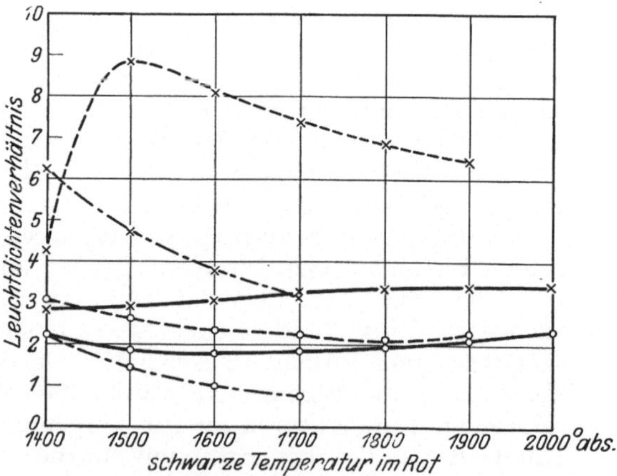

Abb. 72. Abhängigkeit des Verhältnisses der Leuchtdichte im Blau L_B und der Gesamtleuchtdichte L_G von Aluminiumoxyd zu den entsprechenden Leuchtdichten der Strahlung eines schwarzen Körpers, der sich auf der Temperatur, die sich aus der Leuchtdichtemessung im Rot am Aluminiumoxyd ergibt, befindet, nach Messungen von Phillips 1928.
— · — · —× L_B bei Erhitzung mit einer Leuchtgasluftflamme.
— · — · —o L_G „   „   „   „   „
————× L_B „   „   „   „   Leuchtgassauerstoff-
————o L_G „   „   „   „   „   flamme
— — —× L_B „   „   „   Kathodenstrahlen
— — —o L_G „   „   „   „

(Abb. 77). Hier ist gleichzeitig die Unstabilität des Oxydes in der Flamme deutlich zu sehen. Es sind relative Werte der Strahlung bei Kleinstellung der Flamme und in normaler Flamme über der Wellenlänge für das sichtbare Gebiet aufgetragen. In normaler Flammenstellung sind Banden im Spektrum vorhanden, bei niedrig gestellter Flamme fehlen sie anfänglich. Wird der Strumpf längere Zeit hoch erhitzt, so ändern sich die Strahlungseigenschaften. Es ergibt sich dann auch bei Kleinstellung der Flamme ein ausgeprägtes Bandenspektrum.

Die nach dem Befunde von Nichols[2]) bei Temperaturen von 300—1400° abs.

----

[1]) H. E. Ives, E. J. Kingsburry u. K. Karrer, l. c. S. 195.
[2]) E. L. Nichols, l. c. S. 197.

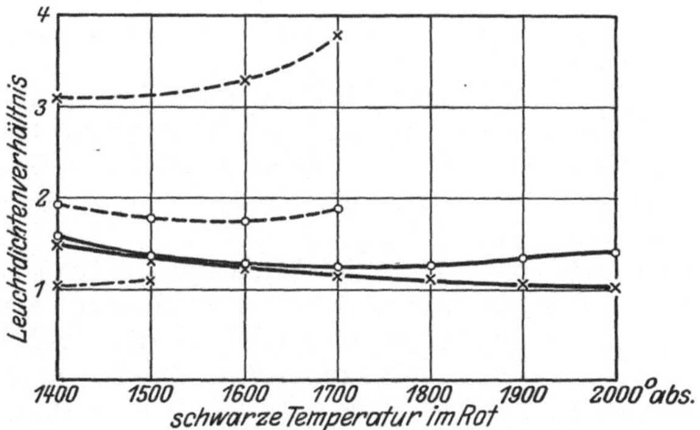

Abb. 73. Abhängigkeit des Verhältnisses der Leuchtdichte im Blau L_B und der Gesamtleuchtdichte L_G von Ceroxyd zu den entsprechenden Leuchtdichten der Strahlung eines schwarzen Körpers, der sich auf der Temperatur, die sich aus der Leuchtdichtemessung im Rot am Ceroxyd ergibt, befindet, nach Messungen von PHILLIPS 1928.

    —·—·—o L_B bei Erhitzung mit einer Leuchtgas-
                                    luftflamme
    ———— × L_B „   „   „   „ Leuchtgas-
                                    sauerstoffflamme
    ———— o L_G „   „   „   „   „
    ———— × L_B „   „   „ Kathodenstrahlen
    ———— o L_G „   „   „   „

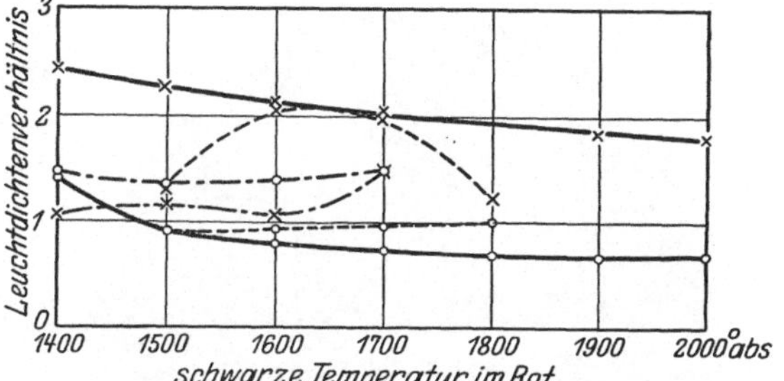

Abb. 74. Abhängigkeit des Verhältnisses der Leuchtdichte im Blau L_B und der Gesamtleuchtdichte L_G von Zirkonoxyd zu den entsprechenden Leuchtdichten der Strahlung eines schwarzen Körpers, der sich auf der Temperatur, die sich aus der Leuchtdichtemessung im Rot am Zirkonoxyd ergibt, befindet, nach Messungen von PHILLIPS 1928.

    —·—·— × L_B bei Erhitzung mit einer Leuchtgasluft-
    —·—·— o L_G „   „   „   „   „ flamme
    ———— × L_B „   „   „   „ Leuchtgas-
                                    sauerstofflamme
    ———— o L_G „   „   „   „
    ———— × L_B „   „   „   „ Kathoden-
    ———— o L_G „   „   „   „ „ strahlen

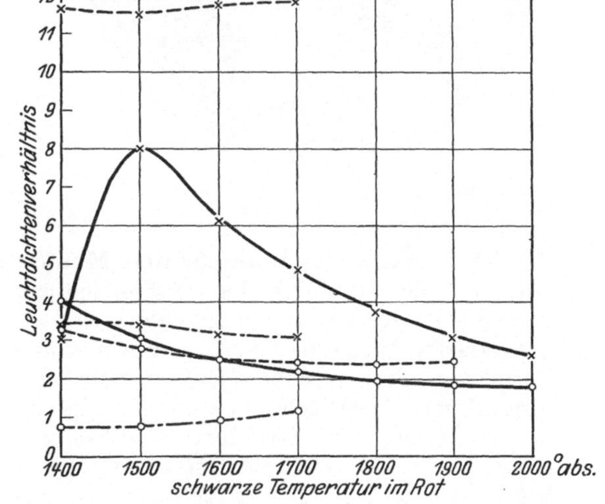

Abb. 75. Abhängigkeit des Verhältnisses der Leuchtdichte im Blau L_B und der Gesamtleuchtdichte L_G von Magnesiumoxyd zu den entsprechenden Leuchtdichten der Strahlung eines schwarzen Körpers, der sich auf der Temperatur, die sich aus der Leuchtdichtemessung im Rot am Magnesiumoxyd ergibt, befindet, nach Messungen von PHILLIPS 1928.

    —·—·— × L_B bei Erhitzung mit einer Leuchtgasluft-
                                    flamme
    —·—·— o L_G „   „   „   „   „
    ———— × L_B „   „   „ „ Leuchtgassauer-
                                    stofflamme
    —·——o L_G „   „   „ „   „
    ———— × L_B „   „   „ Kathodenstrahlen
    ———— o L_G „   „   „   „

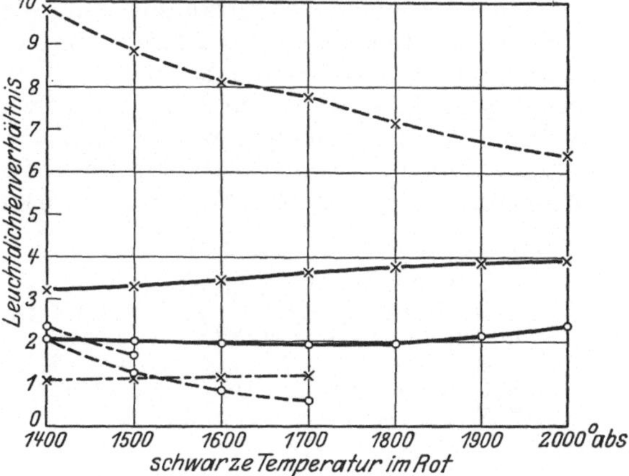

Abb. 76. Abhängigkeit des Verhältnisses der Leuchtdichte im Blau L_B und der Gesamtleuchtdichte L_G von Berylliumoxyd zu den entsprechenden Leuchtdichten der Strahlung eines schwarzen Körpers, der sich auf der Temperatur, die sich aus der Leuchtdichtemessung im Rot am Berylliumoxyd ergibt, befindet, nach Messungen von PHILLIPS 1928.

    —·—·— × L_B bei Erhitzung mit einer Leuchtgasluft-
                                    flamme
    —·—·—o L_G „   „   „   „   „
    ———— × L_B „   „   „   „ Leuchtgas-
                                    sauerstofflamme
    ———— o L_G „   „   „   „   „
    ———— × L_B „   „   „ Kathodenstrahlen
    ———— o L_G „   „   „   „

und von Phillips[1]) bei höherer Temperatur bei Flammenerhitzung auftretende Leuchtdichtevermehrung im Blau scheint bei Erhitzung mit Joulescher Wärme in oxydierender Atmosphäre zu fehlen. Es ist z. B. bei Aluminiumoxyd bei elektrischer Erhitzung nach Messungen von Miething[2]) das Emissionsvermögen im Grün nicht viel größer als das im Rot. Auch für Thoroxyd[3]) zeigte es sich, daß die hohe Strahlungsintensität im Blau bei elektrischer Erhitzung fehlt und nur bei zusätzlicher Erhitzung mit einer Gasflamme auftritt.

In anderer Weise verändert sich die Strahlung der Oxyde bei Erhitzung mit Kathodenstrahlen im Vakuum. Abb. 71—76 zeigen dieses; es sind die bei der Flammenerhitzung angegebenen Leuchtdichteverhältnisse für Kathodenstrahlerhitzung aufgetragen. Die Veränderungen gegen die Flammenerhitzung sind z. B. im Blau bei Magnesiumoxyd, Berylliumoxyd und Ceroxyd sehr groß.

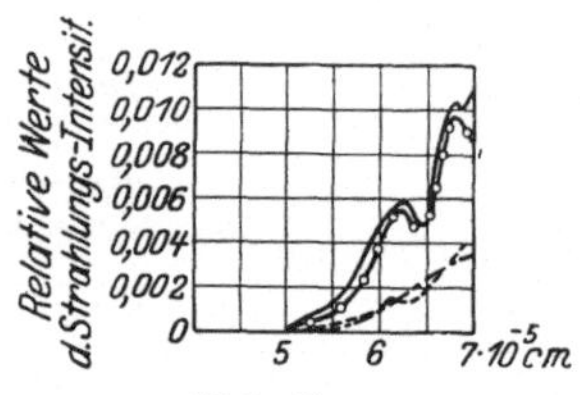

Abb. 77. Relative Werte der Strahlungsintensität eines Oxydskelettes aus 75% Neodymoxyd und 25% Thoroxyd bei Erhitzung mit dem Gasglühlichtbrenner nach Messungen von Ives, Kingsburry u. Karrer 1918.
—————— bei normaler Flammenstellung vor Erhitzung,
—o——o   „   „   „   nach   „   ,
— — —   „ niedrig gestellter Flamme vor   „   ,
—·—·—·   „   „   „   „   nach   „

Abb. 78. Kunstseidenes Auerstrumpfgewebe.

30. Struktur des untersuchten Materials. Die zum Teil schon erwähnten Unterschiede, die durch die Verschiedenheit der Struktur und Oberflächenbeschaffenheit des Materials entstehen, seien nochmals zusammengefaßt. Teilweise lag dasselbe Material sowohl in Form von durchsichtigen Einkristallen als in Form von Stäben oder Pastillen, die aus pulverförmigen Material gepreßt waren, vor (Oberfläche bei einigen durch Niederschmelzen geglättet). Über die Änderung der Strahlung durchsichtiger Substanzen, die durch Ausbildung von Rissen entsteht, ist als Beispiel das Ultrarotspektrum des Saphirs bereits in Ziff. 2, Abb. 3 gebracht. Ebenso ist dort auf den Unterschied zwischen der ultraroten Strahlung durchsichtiger Körper und Preßkörper aus Pulvern an Beispielen des Aluminiumoxyds, des Titanoxyds und der Kieselsäure hingewiesen. Es bleibt übrig, einen Vergleich zwischen der Strahlung des Oxydskeletts, wie es im Auerstrumpf vorliegt, und der kompakten Masse zu ziehen. Bei den Strumpfgeweben handelt es sich bei den Untersuchungen von Ives, Kingsburry und Karrer[4]) um getränkte Kunstseide (Abb. 78). Bei den Untersuchungen von Rubens[5]) und Coblentz[6]) um getränkte Baumwolle oder

---

[1]) M. L. Phillips, l. c. S. 253.
[2]) H. Miething, Verh. d. D. Phys. Ges. Bd. 18, S. 201. 1916.
[3]) Vgl. ds. Handb. Bd. XIX, S. 47.
[4]) H. E. Ives, E. J. Kingsbury u. K. Karrer, l. c. S. 195.
[5]) H. Rubens, Ann. d. Phys. Bd. 18, S. 725. 1905; Bd. 20, S. 593. 1906.
[6]) W. W. Coblentz, l. c. S. 247.

Ramiefasern. Die Strahlung der Oxydskelette kann nicht mit der kompakter Substanzen verglichen werden, da sich die Flächengröße eines losen Gewebes nur schwer angeben läßt, und da außerdem durch die Maschen Strahlung von dem dahinterliegenden Gewebe hindurchtritt. Ein Vergleich kann sich also nur auf die spektrale Verteilung beziehen.

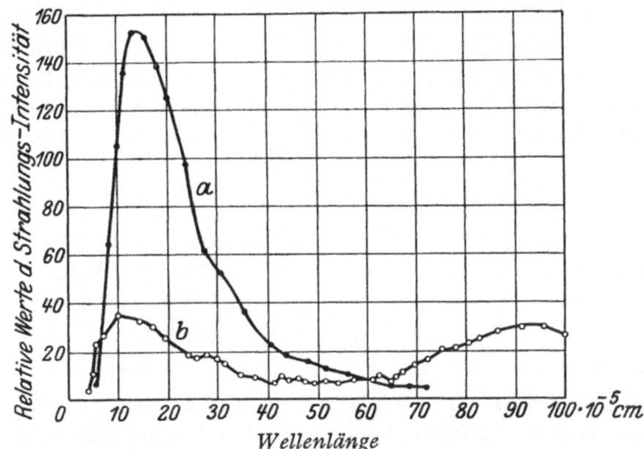

Abb. 79. Relative Werte der Strahlungsintensität eines Auerstrumpfes b (abzüglich Flammenstrahlung) und einer Auermassenschicht a im Ultrarot nach Messungen von COBLENTZ 1910 (der Maßstab von a ist ein Drittel des von b).

In Abb. 79 ist die von COBLENTZ[1]) gemessene Strahlung eines Auerstrumpfes im Ultrarot (die Strahlung der Flamme ist abgezogen) bei Erhitzung in einer Bunsenflamme und die einer auf einen Nernststift aufgetragenen Auermassenschicht (die Temperatur ist nicht gemessen, es ist nur angegeben, daß der spezifische

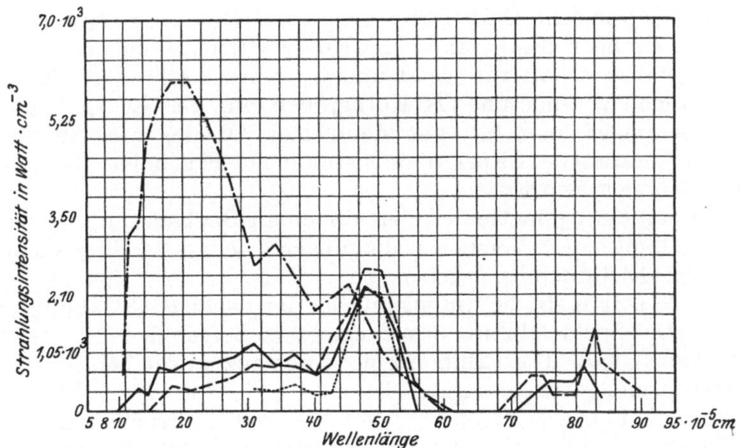

Abb. 80. Strahlungsintensität von in der Flamme erhitzten Oxydskeletten im Ultrarot nach Messungen von SCHMIDT-REPS 1924/25.

———————— Auermasse (T_s rot = 1473° abs.),   — · — · — · — Ceroxyd (T_s rot = 1313° abs.),
— — — — — Thoroxyd (T_s rot = 1223° abs.),   · · · · · · · · · · · Strahlung des Bunsenbrenners.

Verbrauch 1,5 Watt/HK betrug) wiedergegeben. Die Veränderung der Strahlung, die durch Rißbildung entsteht, wirkt sich, wie aus Abb. 3 ersichtlich ist, ähnlich aus. Dies zeigt, wie auch schon in Ziff. 28 gesagt, daß im Auerstrumpf ein durchsichtiger Körper, in der Schicht aber eine pulverförmige Masse vorliegt. Zu diesem Schluß führt auch die Betrachtung der in Abb. 80 wiedergegebenen

---

[1]) W. W. COBLENTZ, l. c. S. 247.

Untersuchungen des Ultrarotspektrums von Oxydskeletten aus Thoroxyd mit 0,75 % Ceroxyd und aus Ceroxyd, die von Schmidt-Reps[1]) ausgeführt sind. (Strahlung der Strümpfe in der Flamme.) Thoroxyd und Auermasse zeigen Spektren wie durchsichtige Substanzen. Die Strahlung des undurchsichtigen reinen Ceroxyds ähnelt mehr der pulverförmiger Preßkörper. Ob auch Unterschiede bei den undurchsichtigen Oxyden, je nachdem ob dieselben niedergeschmolzen oder nur gepreßt sind, vorhanden sind, ist nicht klargestellt. Jedenfalls sind die Unterschiede im sichtbaren Spektralgebiet oberhalb des Temperaturintervalls, in dem Blau- und Rotglut auftrat, nicht so groß, daß wesentliche Änderungen des Leuchtdichtenverhältnisses für einzelne Wellenlängen von Phillips[2]) beobachtet wurden.

Die Oberflächenbeschaffenheit sehr vieler Oxyde wird beim Hocherhitzen in der Flamme geändert; es tritt Verdampfung ein. Zum Beispiel weist Phillips beim Uranoxyd auf das Rauhwerden der Oberfläche hin.

Infolge der Verschiedenheiten der Struktur ist ein Vergleich zwischen den einzelnen Beobachtungen schwer vorzunehmen und erscheint nur möglich für Preßkörper, da diese eine in gewissen Grenzen definierte Struktur besitzen.

Die Eigenart der keramischen Herstellungsmethode, bei der die Verfestigung der aus Pulver gepreßten Körper lediglich durch eine Sinterung bei der Brenntemperatur eintritt, bedingt, daß die Korngrößen immer innerhalb gewisser Grenzen bleiben, unabhängig vom Material. Es sind stets feine und gröbere Körner gemischt vorhanden. Zum Beispiel wird beim Herstellen kleiner keramischer Körper aus Aluminiumoxyd, wie sie bei physikalischen Untersuchungen gebraucht werden, die Korngröße des Ausgangspulvers einer zur Herstellung geeigneten Mischung zwischen 0,005 und 0,25 mm liegen. Größere Körner würden keinen guten Zusammenhalt bei der Herstellung ergeben. Feinere würden beim Brennen infolge von sehr starker Sinterung zum Reißen der Stücke Veranlassung geben. Beim Brennen des keramischen Körpers tritt, wenn man vom Schmelzpunkt genügend weit entfernt bleibt und von vorher erhitztem Pulver ausgeht, keine wesentliche Veränderung der Korngrößen ein. Das ist der Grund, weshalb bei Untersuchungen mancher gut definierter Oxyde, wie Aluminium- und Thoroxyd als keramische Körper, übereinstimmende Ergebnisse von verschiedenen Beobachtern erzielt wurden.

31. Untersuchungsmethoden der einzelnen Beobachter. Es sei noch eine Zusammenstellung der Versuchsbedingungen bei den Untersuchungen der Strahlung der Nichtmetalle gegeben.

1. Coblentz[3]) maß die Intensität der langwelligen Strahlung mit einem Bolometer. Die Spektralbreite des Bolometers betrug bei 2,8 μ etwa 0,14 μ, bei 4,3 μ etwa 0,09 μ. Die Erhitzung der Substanz wurde bei den Körpern, die bei höherer Temperatur elektrisch leiten, durch Joulesche Wärme erreicht. Von den auch bei höherer Temperatur nichtleitenden Körpern wurden Schichten, deren Dicke bis zu 1,6 mm betrug, auf einen Nernststift aufgetragen und dann der Nernststift elektrisch erhitzt. Die Temperatur wurde nicht bestimmt. Durch diese Untersuchungen des ultraroten Spektrums ist die Lage einiger Emissionsbanden der untersuchten Körper bestimmt.

2. Schaum und Wüstenfeld[4]) trugen dünne Schichten der Oxyde auf ein besonders geformtes Platinband auf. Das etwa 30 mm lange Band war nach

[1]) H. Schmidt-Reps, l. c. S. 192.
[2]) M. L. Phillips, l. c. S. 253.
[3]) W. W. Coblentz, l. c. S. 247; Publ. Carnegie Inst. Wash. 1908, S. 97; Bull. Bureau of Stand. Bd. 4, S. 535. 1908; Bd. 5, S. 159. 1909; Bd. 7, S. 243. 1911.
[4]) K. Schaum u. H. Wüstenfeld, l. c. S. 197.

der Mitte zu verengt, so daß dort seine Breite nur noch 1 mm betrug. Der bei Stromdurchgang auftretende Temperaturabfall wird durch diese Form des Bandes stark erhöht. Auf diese Streifen wurde auf die eine Hälfte bis zur Verengung die zu untersuchende Substanz aufgetragen, auf die andere eine Vergleichssubstanz, als solche wurde meistens Eisenoxyd verwandt. Infolge des Temperaturabfalles längs des Bandes zeigt sich bei dieser Anordnung die Änderung der Strahlung mit der Temperatur. Entwirft man ein Bild des Bandes auf den Spektroskopspalt, so entsteht ein Spektrum, in dem die Intensität je nach der Entfernung von der Bandmitte verschieden groß ist. Ein Teil der Spektren wurde photographiert. Es wurden ferner mit der gleichen Anordnung die Reflexions- und Absorptionsspektren untersucht. Von einer Temperaturbestimmung wurde bei diesen nur zur Orientierung unternommenen Untersuchungen abgesehen.

3. Elektrische Heizung auf leitender Unterlage verwandte auch PIRANI[1]). Er setzte kleine Untersuchungsplättchen in ein Kohlerohr so ein, daß sie glatt abschlossen. Die Temperatur wurde pyrometrisch im Innern des Kohlerohres durch ein Loch, das sich etwa 1 cm vom Einsatzkörper entfernt im Kohlerohr befand, gemessen. Angenommen wird, daß Kohlerohr und Einsatzkörper gleiche wahre Temperatur haben.

4. MIETHING[2]) umgab Stäbe aus Aluminiumoxyd mit einer Platinbandspirale, die durch Stromdurchgang erwärmt wurde. Die Strahlung wurde auf der polierten Stirnseite des Al_2O_3-Stabes gemessen. Hier befand sich zur Temperaturbestimmung ein Loch.

5. PODSZUS[3]) heizte Röhrchen[4]) aus dem Untersuchungsmaterial durch eine innen liegende Wolframbandspirale. Er bestimmte nur die schwarze Temperatur im Rot.

6. Auch FORSYTHE[5]) brachte sein Material in Röhrchenform, aber er erhitzte es durch Gebläseflammen. Wahre Temperatur und Absorptionsvermögen suchte er durch Strahlungsmessungen an der Außenwand und in einem radialen Loch im Röhrchen zu bestimmen.

7. NICHOLS und HOWES[6]) erhitzten gepreßte Pastillen in sauerstoffreichen Flammen und stellten durch Pyrometermessungen die Helligkeit in den einzelnen Bereichen des sichtbaren Gebietes fest. Um den gemessenen schwarzen Temperaturen die wahre Temperatur zuordnen zu können, brachten sie auf eine Stelle Uranoxyd und nahmen die an dieser Stelle gemessene schwarze Temperatur als wahre Temperatur des Versuchskörpers an (näheres Ziff. 4).

8. NICHOLS und WILBER[7]) trugen die Oxyde auf einen kleinen Kupferblock auf, den sie in der Wasserstoffflamme erhitzten. Die Temperatur des Kupferblocks maßen sie mit einem Thermoelement.

9. MALLORY[8]) brachte Erbiumoxyd in ein kleines oben offenes Quarzkästchen, das er in der Gebläseflamme erhitzte. Die Temperatur maß er mit einem in das Innere des Kästchens eingeführten Thermoelement, die Strahlung untersuchte er spektralphotometrisch.

---

[1]) M. PIRANI, Verh. d. D. Phys. Ges. Bd. 13, S. 19. 1911.
[2]) H. MIETHING, l. c. S. 256.
[3]) F. PODSZUS, ZS. f. Phys. Bd. 18, S. 212. 1923.
[4]) Über die Herstellung dieser Röhrchen siehe: E. PODSZUS, ZS. f. angew. Chem. Bd. 30, S. 17. 1917.
[5]) W. R. FORSYTHE, Phys. Rev. Bd. 20, S. 101. 1922; Bd. 25, S. 252. 1925; Journ. Opt. Soc. Amer. Bd. 16, S. 307. 1918.
[6]) E. L. NICHOLS u. H. L. HOWES, l. c. S. 245.
[7]) E. L. NICHOLS u. D. T. WILBER, Phys. Rev. Bd. 17, S. 453. 1921.
[8]) W. S. MALLORY, l. c. S. 196.

10. Ives, Kingsburry und Karrer[1]) stellten von den Substanzen durch Tränken von kunstseidenen Auerstrumpfgeweben Oxydskelette her. Die Form des Gewebes zeigt Abb. 78. Dieses Gewebe wurde auf einem Auerbrenner erhitzt. Alle Messungen sind auf den Strumpf, also auf ein mit Poren versehenes Gewebe, bezogen. Es geht bei den Messungen nicht nur die Strahlung der Vorder-, sondern auch der Rückwand des Strumpfes ein. Die Messungen enthalten außerdem die Summe der Strahlungen von Flamme und Gewebe. Infolge dieser Anordnung ergeben sich nur relative Werte. Da die Untersuchungen sich jedoch auf eine große Anzahl von Substanzen beziehen, so geben die Ergebnisse ein abgerundetes Bild. Die Gesamtstrahlung wurde an einem in $^1/_3$ Höhe, vom unteren Strumpfrande gerechnet, gelegenen Stück bestimmt. Für die Messung der Lichtstrahlung, die mittels Radiometer und Lichtfilter bestimmt wurde, mußte die Strahlung des gesamten Strumpfes verwendet werden. Die Intensitätsverteilung im sichtbaren Gebiet wurde an der Strumpfseite mittels Spektralpyrometer gemessen. Zur Bestimmung der Strahlungsintensität im Ultrarot wurde wieder die Strahlung der mittleren Teile benutzt, zur Messung wurde ein Hilger-Ultrarotspektrometer verwandt. Durch Messung mit Thermoelementen wurde die wahre Temperatur ermittelt.

11. Auch Rubens[2]) hat einen Auerstrumpf, der aber aus einem anderen Gewebe bestand, in ähnlicher Weise untersucht. Die spektrale Strahlung von 4,5 bis $179 \cdot 10^{-5}$ cm untersuchte er mit einem Spiegelspektrometer; die Temperatur bestimmte er an der heißesten Zone mit einem Pyrometer; die Zuordnung der wahren Temperatur erfolgte unter der Annahme, daß der Auerstrumpf im Blauen fast schwarz strahlt. In anderen Fällen bestimmte er das Reflexionsvermögen und berechnete aus dem daraus ermittelten Absorptionsvermögen (Schätzung der Durchlässigkeit des Gewebes durch Vergleich mit einem Gipsfaden) und der schwarzen Temperatur die wahre Temperatur des Auerstrumpfes.

12. Schmidt-Reps[3]) und Skaupy[4]) bestimmten die Strahlung für das sichtbare und ultrarote Gebiet von $5,7-92 \cdot 10^{-5}$ cm. Die schwarze Temperatur im Rot wurde mittels Pyrometer gemessen und für die undurchsichtigen Substanzen an rauhen Oberflächen das Reflexionsvermögen bestimmt; aus diesen Daten wurde die wahre Temperatur errechnet. Bei durchsichtigen Körpern wurde nur die schwarze Temperatur bestimmt. Von den Substanzen wurden meistens Preßkörper aus feinkörnigem Pulver hergestellt. Von einzelnen wurden ferner klare Schmelzen untersucht. Die Erhitzung geschah in der Leuchtgas-Luft- oder Leuchtgas-Sauerstoffflamme oder im Knallgasgebläse. Die Auflösung des zur Messung der ultraroten Strahlung benutzten Rubensschen Spiegelspektrometers war, wie schon erwähnt (Ziff. 26), in den einzelnen Gebieten gering, so daß ein Mittelwert über einen ziemlich großen Wellenlängenbereich gemessen wurde; Strukturfeinheiten im Emissionsspektrum sind folglich nicht erfaßt. Die Spaltbreite in Abhängigkeit von der Wellenlänge zeigt Abb. 53.

13. Die Untersuchungen von Phillips[5]) an Oxyden wurden im sichtbaren Gebiet ausgeführt. Die Erhitzung geschah in einer Leuchtgas-Luft- oder Sauerstoffflamme. Der Temperaturbereich war für die im Rot gemessene schwarze Temperatur 1400 bis 2000° abs. Ferner wurde die Strahlung, die bei Erhitzung durch Kathodenstrahlbombardement entsteht, untersucht. Gemessen wurde

---

[1]) H. E. Ives, E. J. Kingsburry u. K. Karrer, l. c. S. 195.
[2]) H. Rubens, l. c. S. 256.
[3]) H. Schmidt-Reps, l. c. S. 192.
[4]) F. Skaupy, l. c. S. 192.
[5]) M. L. Phillips, l. c. S. 253.

die schwarze Temperatur für zwei Wellenlängen $6,65 \cdot 10^{-5}$ cm und $4,67 \cdot 10^{-5}$ cm, außerdem die Leuchtdichte durch Messung der schwarzen Temperatur bei der Wellenlänge, die der wirksamen Wellenlänge des Auges entspricht. Die Oxyde wurden im aktiven Teil der Flamme erwärmt. Die Substanz wurde in möglichst reinem Zustande verwendet und entweder aus dem Pulver durch hohen Druck Preßstäbe hergestellt oder daraus Pastillen geschmolzen.

32. Ergebnisse der Strahlungsmessungen an Oxyden. Um eine kurze übersichtliche Darstellung zu geben, ist Tabellenform gewählt. Es ist in Tabelle 14 über die in Flammen auftretende Lumineszenzerscheinung berichtet. In Tabelle 16 sind die Untersuchungen über Oxyde in Skelettform wiedergegeben. Das Emis-

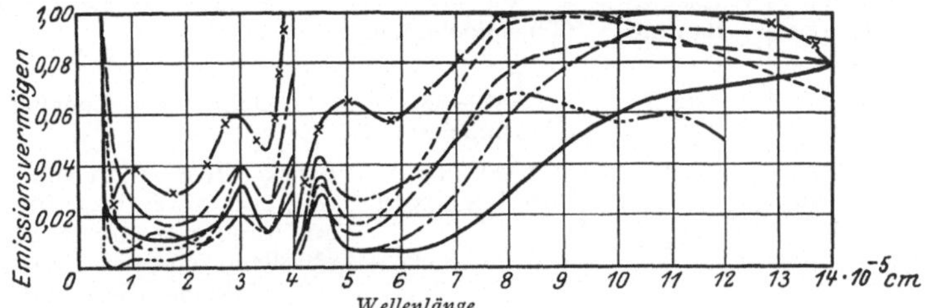

Abb. 81. Emissionsvermögen von Oxydskeletten in Abhängigkeit von der Wellenlänge nach IVES, KINGSBURRY u. KARRER 1918.

—————— Thoroxyd,　　　—·—·—· Magnesiumoxyd,　　　—····—···· Berylliumoxyd,
— — — Zirkonoxyd,　　　— — — — Aluminiumoxyd,　　　—×—×— Siliziumoxyd.

sionsvermögen der von IVES, KINGSBURRY und KARRER[1]) untersuchten Oxydskelette ist in Abb. 81 dargestellt. In Tabelle 17 ist über Oxydskelette aus Thoroxyd mit Beimengungen berichtet. Endlich gibt Tabelle 15 Untersuchungen über die Strahlung von Oxyden in kompakter Form.

Tabelle 14. Strahlung von Oxyden in der Wasserstoffflamme
(Lumineszenzerscheinungen).

Substanz	Beobachter	Erhitzungsart	Ungefährer Temperaturbereich Grad abs.	Glüherscheinungen	Bemerkungen
Aluminiumoxyd	NICHOLS u. WILBER 1921	Wasserstoffflamme	350—950 (Thermoelement)	Blaßgrünes Leuchten; rötlich, blaugrün und weiß strahlende Stellen	
	NICHOLS u. HOWES 1922	WasserstoffSauerstoffgebläse	950—1400 (an Uranoxyd gemessen)	Starke Blauglut, mit steigender Temperatur rasch abnehmend	
Synthet. Rubin	NICHOLS u. WILBER 1921	Wasserstoffflamme	—	Grünes Leuchten	rote Kathodolumineszenz
	NICHOLS u. HOWES 1929	Wasserstoffflamme	ca. 1300° (an Uranoxyd gemessen)	Starke Strahlung im Blau und Grün	
			ca. 900—1050	21 Banden auf kontinuierlichem Untergrund zwischen 0,426 und 0,760	
Synthet. Saphir	NICHOLS u. HOWES 1929	Wasserstoffflamme	—	Grünes Leuchten	rote Kathodolumineszenz
Berylliumoxyd	NICHOLS u. HOWES 1922	WasserstoffSauerstoffgebläse	950—1400 (an Uranoxyd gemessen)	Blauglut; mit steigender Temperatur rasch abnehmend	

---

[1]) H. E. IVES, E. J. KINGSBURRY u. K. KARRER, l. c. S. 195.

Tabelle 14. Fortsetzung.

Substanz	Beobachter	Erhitzungsart	Ungefährer Temperaturbereich Grad abs.	Glüherscheinungen	Bemerkungen
Calciumoxyd	NICHOLS u. WILBER 1921	Wasserstoffflamme	bis 950 (Thermoelement)	Starke Gelbglut	bei Verunreinigung mit Wismut blaugrüne Lumineszenz
	NICHOLS u. HOWES 1922	Wasserstoff-Sauerstoffgebläse	950—1400 (an Uranoxyd)	Blauglut; mit steigender Temperatur rasch abnehmend	
Calciumsulfid	NICHOLS u. WILBER 1921	Wasserstoffflamme	330—600 (Thermoelement)	Blaugrünes Leuchten	
Calciumfluorid	dgl.	dgl.	330—580 (Thermoelement)	Gelbgrünes Leuchten	
Ceroxyd	NICHOLS u. HOWES 1922	dgl.	1000—1650 (an, Uranoxyd)	Starkes Rot- und Grün-Leuchten, zum Max. (bei 1100° abs., an Uranoxyd) ansteigend, dann abfallend; Grün vorherrschend; keine Blauglut	
Erbiumoxyd	dgl.	dgl.	950—1700 (an Uranoxyd)	Blauglut, bei höherer Temp. Grünglut	
	MALLORY 1919	In Quarzkasten über Wasserstoffflamme	1) 870 2) 910 3) 1270 4) 1400 (Thermoelement)	1) Schwaches gelbgrünes Leuchten. 2) Auftreten einer Bande im Rot. 3) Hervortreten des kontinuierlichen Spektrums. 4) Die Banden treten zurück gegenüber dem kontinuierlichen Spektrum. Emissionsbanden bei 0,420, 0,460, 0,495, 0,525, 0,545, 0,655 μ	Spektrale Verteilung der Emission in absoluten Werten in Abb. 49 bei 1313° abs. (mit Thermoelement gem.)
Gadoliniumoxyd					siehe Samariumoxyd
Galliumoxyd	NICHOLS u. HOWES 1922	Wasserstoff-Sauerstoffgebläse	1000—1450 (an Uranoxyd)	Starkes Rot-, Grün- und Blau-Leuchten; bei tiefer Temp. Blau vorherrschend, bei höherer Temp. Grün	
Germaniumoxyd	NICHOLS Acad. 1923	dgl.	1050 1500 (an Uranoxyd?)	Schwache Blauglut Rotglut (wie TiO_2 in red. Zone) Banden bei 0,625, 0,520, 0,450 μ bei höherer Temp. schwarz strahlend	Luminiszenzerscheinungen von der Art der Vorbehandlung abhängig
	NICHOLS Acad. 1923	Wasserstoffflamme	—	Schwaches blaugrünes Leuchten; bei höherer Temp. rötlich	
Magnesiumoxyd	NICHOLS u. WILBER 1921	dgl.	350—950 (Thermoelement)	Intensives weißes Leuchten	
	NICHOLS u. HOWES 1922	Wasserstoff-Sauerstoffgebläse	950—1400 (an Uranoxyd)	Blauglut, mit steigender Temp. rasch abnehmend	
Neodymoxyd	NICHOLS u. HOWES 1922 und NICHOLS Acad. 1925	dgl.	1000—1300 (an Uranoxyd)	Bei tiefer Temp. Banden bei 0,660, 0,615, 0,570, 0,550, 0,525 μ; bei höherer Temp. schwarz strahlend	

Tabelle 14. Fortsetzung.

Substanz	Beobachter	Erhitzungsart	Ungefährer Temperaturbereich Grad abs.	Glüherscheinungen	Bemerkungen
Nioboxyd	NICHOLS u. HOWES 1922	dgl.	750—1300 (an Uranoxyd)	Starkes Rot-, Grün- und Blau-Leuchten; bei tiefer Temp. blau extrem stark	Verunreinigt mit Tantaloxyd
	NICHOLS, Rev. 1925	Wasserstoffflamme	900—1300 (an Uranoxyd)	In der aktiven Flammenzone: starkes blaugrünes Leuchten, plötzlich einsetzend, rasch abnehmend. Mehrere überlagerte Banden bei 0,483, 0,520, 0,550, 0,575, 0,620, 0,675 μ In der reduzierenden Zone: nur Temperaturstrahlung	Spektrale Verteilung Abb. 48
Praseodymoxyd	NICHOLS u. HOWES 1922	Wasserstoff-Sauerstoffgebläse	1000—1600 (an Uranoxyd)	Zwei breite Banden im Blaugrün und im Rot; bei höherer Temp. starkes Überwiegen des Rot. Emissionsmax. bei 1250° abs. (an Uranoxyd)	
Samariumoxyd Gadoliniumoxyd	NICHOLS u. HOWES 1922	dgl.	1000—1550 (an Uranoxyd)	Bei tiefer Temp. Blauglut; bei höherer Temp. Grünglut	
Siliziumdioxyd	NICHOLS u. WILBER 1921	Wasserstoffflamme	350—650 (Thermoelement)	Weißliches Leuchten	
	NICHOLS u. HOWES 1922	Wasserstoff-Sauerstoffgebläse	950—1400 (an Uranoxyd)	Blauglut, bei höherer Temp. verschwindend	
Titanoxyd	NICHOLS, Phys. Rev. 1923	Wasserstoff-Sauerstoffflamme	950—1500 (an Uranoxyd)	In der aktiven Flammenzone: rotes, grünes und besonders blaues Leuchten; bei hoher Temp. schwarz strahlend In der reduzierenden Zone: Leuchten über das ganze Spektrum, bes. im Rot; Max. bei 1250° abs. (an Uranoxyd); bei höherer Temp. schwarz strahlend	Verhältnisse der Strahlung in der oxyd. und der reduz. Zone E_0/E_R in der Abb. 70
		Wasserstoffflamme		Leuchten: erst blau-grau (schwach), dann rot (stark), dann gelb (stark); Max. bei 1050° abs. (an Uranoxyd)	
		Kathodenstrahlen		Blaue Fluoreszenz; drei überlagerte Banden bei 0,625, 0,550, 0,475 μ	
Zinkoxyd	NICHOLS u. WILBER 1921	Wasserstoffflamme	840— 980 980—1220 (Thermoelement)	Tiefe Rotglut Starke Blau-Grünglut	
Zinksulfid	dgl.	dgl.	300—400 500—850 (Thermoelement)	Gelbes Leuchten Blaugrünes Leuchten	
Zirkonoxyd	dgl.	dgl.	350— 650 700—1000 (Thermoelement)	Blaugrünes Leuchten Rotes Leuchten (noch geringe Temp.-Strahlung)	
	NICHOLS u. HOWES 1922	Wasserstoff-Sauerstoffgebläse	950—1400 (an Uranoxyd)	Blauglut, mit steigender Temperatur rasch abnehmend	

Tabelle 15. Die Strahlung von Oxyden in kompakter Form.

Substanz	Beobachter	Erhitzungsart	Wahre Temp. Grad abs.	Strahlungseigenschaften	Bemerkungen
Aluminiumoxyd[1])[2]) (vgl. Rubin und Saphir)	COBLENTZ Carnegie Inst. 1908 Bull. Bur. Stand. 1908 Jahrb. f.Radioakt.1910	elektr.	Rotglut-Weißglut	Maxima bei 0,7; 1,4; 2,0; 3,1; 4,7; 5,2; 7,5 μ	Die stärksten Banden bei 1,4 und 4,7 μ treten bei steigender Temperatur stärker hervor
	SCHMIDT-REPS 1924 ,, ,, 1925	Knallgasgebläse	1770—2270	Verschiedene Maxima im Rot und Ultrarot Abb. 4	Mit steigender Temperatur verschiebt sich das Hauptmaximum bei 4,8 μ nach 5,2 μ und wird schärfer
	PIRANI 1911 MIETHING 1916	elektr. elektr.	1070—1670 1200—1600	für $\lambda = 0,65\,\mu$, $e_\lambda = 0,11$ Emiss.-Verm. im Rot und Grün konstant, 0,11—0,12 im Grün $e_\lambda = 0,20$	
	PIRANI u. CONRAD 1924	elektr.	2350 1100—1600	für $\lambda = 0,65\,\mu$; $e_\lambda = 0,14 \pm 0,05$ $\lambda = 0,55\,\mu$; $e_\lambda = 0,18 \pm 0,05$	Geringer Anstieg des Emissionsvermögens mit der Temperatur
	PHILLIPS 1928	Gas-Luftgebläse	1400—1700 (T_s rot)	Mit steigender Temp. Abnahme des relativen*) Emissions-Vermögens im Blau und der rel. Leuchtdichte im sichtbaren Gebiet (von 6,3 auf 3,2 bzw. 2,2 auf 0,8)	Abb. 72
	,, 1928	Gas-Sauerstoffgebläse	1400—2000 (T_s rot)	Mit steigender Temp. Zunahme des relativen*) Emissions-Vermögens im Blau und der rel. Leuchtdichte im sichtbaren Gebiet (von 2,8 auf 3,5 bzw. 1,8 auf 2,3)	Abb. 72
	,, 1928	Kathodenstrahlen	1400—1900 (T_s rot)	Relatives*) Emissions-Vermögen im Blau etwa 7—8, relative Leuchtdichte im sichtbaren Gebiet etwa 2—3	Abb. 72
Auermasse[1])[3]) (ThO_2+1%CeO_2 (vgl. ThO_2 und CeO_2)	COBLENTZ 1910 SCHMIDT-REPS 1924 ,, 1925	elektr. Gas-Sauerstoffgebläse	Glühtemp. 1820—2160	Starkes Strahlungsmaximum bei 1,5 μ Anstieg des Emiss.-Verm. bei größeren Wellenlängen (Min. bei 1,2; 8,7 μ. Max. bei 5,0 μ)	Abb. 79 Abb. 69
	SCHAUM u. WÜSTENFELD 1911 PODSZUS 1923	elektr. elektr.	Glühtemperatur 1590—1980 (T_s rot)	Hohes Emiss.-Verm. im sichtbaren Geb. (Ausnahme Rot), im Ultrarot gering Rot-Emissions-Verm. der Auermasse bei gleicher Gesamtstrahlung etwa doppelt so groß als die von Thoroxyd	
	PHILLIPS 1928	Luft-Sauerstoffgebläse	1400—2000 (T_s rot)	Relatives*) Emiss.-Verm. im Blau erst etwa drei dann zwei; relative Leuchtdichte im sichtbaren Gebiet etwa zwei.	

Substanz	Beobachter	Anregung	Temperatur	Beobachtung	Bemerkungen
Berylliumoxyd[1])[2])	COBLENTZ Bull. Bur. Stand. 1908 Carnegie Inst. 1908	elektr.	Glüh-temperatur	Zwei breite Banden bei 3,5 und 5 μ	
	SCHMIDT-REPS 1924	Gas-Sauerstoff-gebläse	1900—1980	Banden im Ultrarot	Banden bleib. bei Temperatursteig. scharf Abb. 52
	TOLKSDORF 1928	—	300	Banden bei 2,80—3,15; 4,00; 6,40; 7,15; 8,18; 10,5—14,0 μ	Banden darstellbar als Kombinationsschwingungen von 3 Grundschwingungen. Abb. 51, Absorptionsmessungen
	PHILLIPS 1928	Gas-Luft-gebläse	1400—1700 (T_s rot)	Relatives*) Emiss.-Verm. im Blau etwa gleich eins, relative Leuchtdichte im sichtbaren Gebiet von 2,4 auf 1,7 fallend	Abb. 76
	„ 1928	Gas-Sauerstoff-gebläse	1400—2000 (T_s rot)	Relatives*) Emiss.-Verm. im Blau von 3 auf 4 ansteigend, relative Leuchtdichte im sichtbaren Gebiet beinahe konstant gleich 2	Abb. 76
	„ 1928	Kathoden-strahlen	1400—2000 (T_s rot)	Relatives*) Emiss.-Verm. im Blau von 10 auf 6,5, relative Leuchtdichte im sichtbaren Gebiet von 2 auf 0,5 abfallend	Abb. 76
Calciumoxyd[2])	COBLENTZ Carnegie Inst. 1908 Bull. Bur. Stand. 1908	elektr.	Glüh-temperatur	Starke Banden bei 2,8; 4,75; 8,0 μ; schwache Banden bei 2,4; 3,3; 4,0 μ	
	SCHMIDT-REPS 1924	Knallgas-gebläse	1870—1930 (T_s rot)	Steiles Strahlungsmaximum zwischen 1 und 2 μ. Einzelmax. bei 0,73; 1,2; 1,3; 1,7; 3,7; 4,8; 5,5; 7,1 μ. Strahlungsintensität im langwelligeren Ultrarot stark abfallend	Bei höherer Temp. verflachen sich die langwelligen Max., die beiden kurzwelligen treten stärker hervor Absorptionsmessungen
	TOLKSDORF 1928	—	300	Eine starke Bande bei 22,05 μ (Grundschwingung); eine schwache Bande bei 9,75 μ (1. Oberschwingung)	
Ceroxyd[1])[2])[4]) (vgl. Auermasse)	COBLENTZ Carnegie Inst. 1908 Bull. Bur. Stand. 1908	elektr.	Glüh-temperatur	Starkes Strahlungsmaxima bei 2—3 μ; kleines Max. bei 4,4 und 7,5 μ	
	SCHMIDT-REPS 1924 „ „ 1925	Gas-Sauerstoff-gebläse	1600—1810	Banden bei 1,6; 3,8; 5,0; 7,0 μ	Das Emiss.-Verm. steigt mit wachsender Temp., Verflachung der Banden Abb. 69
	SCHAUM u. WÜSTENFELD 1911	elektr.	Glüh-temperatur	Starkes Emiss.-Verm. im Sichtbaren, geringes im Ultraroten; bei Temp.-Steigerung Anwachsen des Emiss.-Verm. im Rot	
	PHILLIPS 1928	Gas-Luft-gebläse	1400—1500 (T_s rot)	Relatives*) Emiss.-Verm. im Blau etwa gleich 1	Reines weißes Oxyd. Abb. 73

*) Der Ausdruck „relativ" soll darauf hinweisen, daß auf die im Rot gemessene schwarze Temperatur anstatt auf die wahre bezogen ist.

Tabelle 15. (Fortsetzung.)

Substanz	Beobachter	Erhitzungsart	Wahre Temp. Grad abs.	Strahlungseigenschaften	Bemerkungen
Ceroxyd[1])[2])[4])	PHILLIPS 1928	Gas-Sauerstoff-gebläse	1400—2000 $(T_s$ rot)	Relatives*) Emiss.-Verm. im Blau von 1,5 bis 1,0 abnehmend, relative Leuchtdichte im sichtbaren Gebiet etwa 1,3	Abb. 73
	,, 1928	Kathoden-strahlen	1400—1700 $(T_s$ rot)	Relatives*) Emiss.-Verm. im Blau etwa 3,2, relative Leuchtdichte im sichtbaren Gebiet etwa 1,8	Abb. 73
Chromoxyd	COBLENTZ Carnegie Inst. 1908	elektr.	Glüh-temperatur	Flaches Min. des Emiss.-Verm. bei 3,2 μ; Max. bei etwa 5 μ	
Chromoxyd (vgl. Rubin)	PIRANI u. CONRAD 1924	Gebläse	300—1400	e_λ für $\lambda = 0,55\ \mu$ von 0,87 auf 0,89 steigend	
	SCHMIDT-REPS 1924 ,, ,, 1925	Gebläse	1420—1870	Max. bei 1,0; 1,2; 1,6; 3,7; 4,8; 6,1; 7,1 μ	Banden verschwinden nicht bei steigender Temp.
Eisenoxyd	COBLENTZ Carnegie Inst. 1908	elektr.	Glüh-temperatur	Flaches Min. des Emiss.-Verm. bei 3,2 μ	
	H. SCHMIDT u. FURTH-MANN 1928	elektr.	400 800	Gesamtemissions-Vermögen 0,78 ,, 0,82	
	E. SCHMIDT 1927 ,, 1927 ,, 1927	— — —	296 297 297	Gesamtemissions-Vermögen 0,819 ,, 0,802 ,, 0,819	Gußeisen, Gußhaut rauh Oxydiertes Stahlblech, rauh ,, ,, glatt
Erbiumoxyd[1])[2])[5])	COBLENTZ Carnegie Inst. 1908 Bull.Bur.Stand. 1908	elektr.	Glüh-temperatur	Strahlungsmax. bei 2,0; 2,85; 3,2—4,1; 5,0; 7,5 μ	Bande bei 2,85 μ scharf
	SCHMIDT-REPS 1924	Knallgas-gebläse	2140—2340	Banden im Rot und Ultrarot	Abb. 54
	SCHAUM u. WÜSTENFELD 1911	elektr.	Glüh-temperatur	Starke Banden (im Sichtbaren) auf kon-tinuierlichem Hintergrund	
	PHILLIPS 1928	Gas-Sauerstoff-gebläse	1400—2000 $(T_s$ rot)	Relatives*) Emissions-Vermögen im Blau etwa 1,6, relative Leuchtdichte im sicht-baren Gebiet von 2,8 auf 1,4 abfallend	
Kupferoxyd	E. SCHMIDT, 1927 ROSENTHAL 1899	— —	298 400	Gesamtemissions-Vermögen 0,778 Max. des Emiss.-Verm. bei etwa 6,5 μ	
Lanthanoxyd[1])	PHILLIPS 1928	Gas-Sauerstoff-gebläse	1400—2000 $(T_s$ rot)	Relatives*) Emissions-Vermögen im Blau und relative Leuchtdichte im sichtbaren Gebiet etwas größer als 1	
Magnesiumoxyd[1])[2])	SCHMIDT-REPS 1924	Knallgas-gebläse	1770—2270	Banden im Rot und Ultrarot	Banden treten bei steigen-der Temp. stärker hervor (bei 4,6 μ).
	TOLKSDORF 1928	—	300	Absorptionsmax. bei 3,85; 7,65; 14,2 μ	Absorptionsmess.; Abb. 50

Magnesiumoxyd	Phillips 1928	Gas-Luftgebläse	1400—1700 (T_s rot)	Relatives*) Emiss.-Verm. im Blau für alle Temperaturen 3, relative Leuchtdichte im sichtbaren Gebiet erst < 1, dann > 1	Abb. 75
	,, 1928	Gas-Sauerstoffgebläse	1400—2000 (T_s rot)	Relatives*) Emiss.-Verm. im Blau bei 1500° T_s (rot) 8, mit steigenden Temperaturen abnehmend; relative Leuchtdichte im sichtbaren Gebiet bei tieferen Temperaturen 4, zuletzt 2	Abb. 75
	,, 1928	Kathodenstrahlen	1400—1900 (T_s rot)	Relatives*) Emiss.-Verm. im Blau etwa 10, relative Leuchtdichte im sichtbaren Gebiet etwa 3	
	Henning u. Heuse 1923	Bunsenflamme	1420	Emiss.-Verm. im Sichtbaren etwa 0,02; im Ultrarot 0,04 für $\lambda < 2,8\ \mu$; 0,08 für $2,8 < \lambda < 4\ \mu$; 0,38 für $4 < \lambda < 8\ \mu$; 0,32 für $\lambda > 8\ \mu$; Gesamtemiss.-Verm. 0,15 für $\lambda = 0,65\ \mu$: $e_\lambda = 0,06$ bis 0,10	
Neodymoxyd²)	Pirani 1911	elektr.	1070—1570 Glühtemperatur		
	Coblentz, Bull. Bur. Stand. 1908	elektr.	Glühtemperatur		
	Schaum u. Wüstenfeld 1911	elektr.	Glühtemperatur	Starke Banden (im Sichtbaren) auf kontinuierlichem Hintergrund	
	Phillips 1928	Gas-Sauerstoffgebläse	1400—2000 (T_s rot)	Relatives*) Emiss.-Verm. im Blau und relative Leuchtdichte im sichtbaren Gebiet etwas größer als 1	
Nernststift⁶)	Kurlbaum u. Günther-Schulze 1903	elektr.	1363—1707	Das Strahlungsmax. zwischen 0,52 und 0,57 μ flacht sich mit steigender Temp. stark ab	
	Coblentz 1910	elektr.	Rotglut-Gelbglut	Banden bei etwa 1,7; 2,8; 5,5 μ; Bande bei 2,8 μ verflacht, Banden bei 1,7 und 5,5 μ werden ausgeprägter; die Max. verschieben sich nach kurzen Wellenlängen	
	,,		1800 2350	Banden bei 2,6 und 5,4 μ Banden bei 2,5 μ	Wahre Temp. aus schwarzer berechnet nach A_λ-Werten von Wiegand usf.
	Wiegand 1924	elektr.	1381 1869 2083 2480	T　Emiss.-Verm. im Rot ($\lambda = 0,65\ \mu$)　Gesamt-Emiss.-Verm. 1381　0,20　0,16 1869　0,56　0,36 2083　0,69　0,49 2480　0,80　0,73	Mittelwerte für verschied. Stifte. Abb. 45
Rubin²) (vgl. Al₂O₃ und Cr₂O₃)	Schmidt-Reps 1924, 1925 Skaupy 1927	Gas-Sauerstoff- und Knallgasgebläse	>2073	Strahlungsmax. bei 0,69; 0,73; 0,91; 4,1 bis 5,2; 6,9—7,2 μ	Die kurzwelligen Max. treten erst bei höherer Temp. hervor. Die anderen Banden verbreitern sich Abb. 4

*) Der Ausdruck „relativ" soll darauf hinweisen, daß auf die im Rot gemessene schwarze Temperatur anstatt auf die wahre bezogen ist.

Tabelle 15. (Fortsetzung.)

Substanz	Beobachter	Erhitzungsart	Wahre Temp. Grad abs.	Strahlungseigenschaften	Bemerkungen
Rubin	HENNING u. HEUSE 1923	—	173	Absorptionslinien bei 0,469; 0,476; 0,586; 0,594	Absorptionslin. verschwinden bei etwa 300—320°
			300	Starkes Absorptionsmax. bei 0,54 μ, schwaches bei 0,64 μ	
		Bunsenflamme	1370	Breite Absorptionsbande (Max. bei 0,58 μ); fast grau strahlend im Sichtbaren; kräftige Banden zwischen 4 und 8 μ; Gesamt-Emiss.-Verm. etwa 0,2	} Abb. 2 u. 57
Saphir[2]) (vgl. Al_2O_3)	SCHMIDT-REPS 1924 SKAUPY 1927	Gas-Sauerstoff-gebläse	>2073	Breite Bande bei 4,5 μ; kleines Max. bei 7 μ	Abb. 3
	HENNING u. HEUSE 1923	Bunsenflamme	173—1370	Keine Absorptionsbanden im Sichtbaren. Ultrarotstrahlung und Gesamtemission wie Rubin	
Siliziumdioxyd[2])	COBLENTZ Carnegie Inst. 1908 Bull. Bur. Stand. 1908	elektr.	Glüh-temperatur	Banden bei 2,2; 2,83; 3,7; 4,4; 5,3 μ	
	SCHMIDT-REPS 1924 SKAUPY 1927	Knallgas-gebläse	1520	Verschiedene Banden im Ultrarot	Kieselsäure, gepreßte Stäbe Abb. 5
		,,	etwa 1400—1500	Sehr geringe Strahlung im Sichtbaren und nahen Ultrarot; starkes Max. bei 4,9 μ, kleines Max. bei 7,2 μ	Quarzglas durchsichtig Abb. 5
Thoroxyd[1]) (vgl. Auermasse)	COBLENTZ Carnegie Inst. 1908 Bull. Bur. Stand. 1908	elektr.	Glüh-temperatur	Geringe Strahlung, keine Banden	
	SCHMIDT-REPS 1924 ,, 1925	Knallgas-gebläse	1800—2200	Verschiedene Banden im Ultrarot	Max. verflachen sich mit steigender Temp. Abb. 69
	SCHAUM u. WÜSTENFELD 1911	elektr.	Glüh-temperatur	Geringe Strahlung, auch bei hoher Temp.; relativ am schwächsten im Rot	
	PIRANI 1911	elektr.	1070—1670	für $\lambda = 0{,}65\,\mu$; $e_\lambda = 0{,}14$ bis 0,08	Abnahme von A_λ mit steigender Temperatur
	MIETHING 1916	elektr.	Glüh-temperatur	für $\lambda = 0{,}65\,\mu$; $e_\lambda = 0{,}09$ bis 0,13 für $\lambda = 0{,}54\,\mu$; $e_\lambda = 0{,}09$ bis 0,15	
	BURGESS u. LE CHATELIER 1912	elektr.	Glüh-temperatur	für $\lambda = 0{,}6$ bis $0{,}7\,\mu$; $e_\lambda = 0{,}07$ bis 0,13	
	FORSYTHE 1928	Gas-Luft-gebläse	1500—1900	Rot-Emiss.-Verm. sinkt mit steigender Temp. von 0,35 auf 0,18; im Grün von 0,37 auf 0,23; im Blau von 0,35 auf 0,15	Vgl. Ziff. 4 b

	FORSYTHE 1928	Gas-Sauerstoff-gebläse	1400—2200	Emiss.-Verm. im Rot konstant 0,39; im Grün Abnahme von 0,42 auf 0,39; im Blau von 0,52 auf 0,42	
	PHILLIPS 1928	Gas-Luft-gebläse	1400—1700 (T_s rot)	Relatives*) Emiss.-Verm. im Blau etwa 1,5, relative Leuchtdichte im sichtbaren Gebiet etwa 1,5 bis 1,7	Abb. 71
	„ 1928	Gas-Sauerstoff-gebläse	1400—2000 (T_s rot)	Relatives*) Emiss.-Verm. im Blau mit steigender Temp. von 3 auf 1,6 abfallend, relative Leuchtdichte im sichtbaren Gebiet von 2,2 auf 1,4	Abb. 71
	„ 1928	Kathoden-strahlen	1400—2000	Relatives*) Emiss.-Verm. im Blau beinahe konstant 3, relative Leuchtdichte im sichtbaren Gebiet beinahe konstant 1,3	Abb. 71
Titanoxyd²)	COBLENTZ Carnegie Inst. 1908 Bull. Bur. Stand. 1908	elektr.	ca. 1300	Geringe Strahlung; Max. bei 2,4; 3,2; 5,5; 7,0 μ	Rutil; wenig durchsichtig
	SCHMIDT-REPS 1924 SKAUPY 1927	Gas-Sauerstoff-gebläse	1180 (T_s rot)	Strahlungsmax. bei 1,6; 2,1; 3,6; 5,0; 7,2 μ	Preßkörper. Abb. 5
		„	1205 (T_s rot)	Strahlungsmax. bei 1,6; 2,1; 3,6; 5,0; 7,2 μ	Rutil, undurchsichtiger Kristall.
		„		Geringe Strahlung im nahen Ultrarot. Kleine Max. bei 3,9; 4,6; 5,0; 7,2 μ	Anatas, durchsichtig Abb. 5
Uranoxyd¹) (orange)	SCHAUM u. WÜSTENFELD 1911	elektr. (auf Pt-Blech)	Glüh-temperatur	Zwei Absorptionsstreifen im Grün, bei steigender Temp. verschwindend. Bei 0,72 μ geringer strahlend als Eisenoxyd	
Uranoxyduloxyd	COBLENTZ Carnegie Inst. 1908	elektr.	Glüh-temperatur	Schwache Banden bei 2,8 und 3,4 μ	
	WIEGAND 1924	elektr.	1380	$e_\lambda = 0,76$, für $\lambda = 0,65\,\mu$, Ges.-Emiss.-Verm. 0,78 (Abb. 45) bei Temp.-Steigerung keine Erhöhung von e_λ rot bemerkt	Leitfähigkeit mit steigender Temp. schnell zunehmend
	PHILLIPS 1928	Gas-Luft- und Gas-Sauerstoff-gebläse	1450—2000	Rel.*) Emiss.-Verm. im Blau etwa 1,1, rel. Leuchtdichte im sichtbaren Geb. ca. 1,3; mit wachs. Temp. wenig ansteigend	
Yttriumoxyd	COBLENTZ Carnegie Inst. 1908 Bull. Bur. Stand. 1908	elektr.	Glüh-temperatur	Banden im Ultrarot	Bande bei 6,9 μ sehr ausgeprägt
	SCHMIDT-REPS 1924	Knallgas-gebläse	1910—2200	Banden bei 0,62; 0,66; 1,6; 3,7; 5,0; 7,2 μ	Abb. 55
	PHILLIPS 1928	Gas-Sauerstoff-gebläse	1400—2000 (T_s rot)	Relatives*) Emiss.-Verm. im Blau von 2,9 auf 1,4 abfallend, relative Leuchtdichte im sichtbaren Gebiet konstant etwa 1,4	

*) Der Ausdruck „relativ" soll darauf hinweisen, daß auf die im Rot gemessene schwarze Temperatur anstatt auf die wahre bezogen ist.

Tabelle 15. (Fortsetzung.)

Substanz	Beobachter	Erhitzungsart	Wahre Temp. Grad abs.	Strahlungseigenschaften	Bemerkungen
Zinkoxyd[2]	Coblentz Bull. Bur. Stand. 1908	elektr.	Glühtemperatur	Keine Max., schwaches Min. bei $3{,}2\,\mu$	Gelbbraune Verfärbung beim Erhitzen
	Schaum u. Wüstenfeld 1911	elektr.	Glühtemperatur	Starkes Anwachsen der Blau-Emission mit steigender Temp.	Gelbbraune Verfärbung beim Erhitzen.
	Tolksdorf 1928	—	300	Banden bei 4,28; 4,70; 5,5; 6,0; 6,2; 6,7; 8,1; 8,65; 11,55; 12,55; 13,95; 15,2; $22-28\,\mu$	Absorptionsmessungen; Banden darstellbar als Kombinationsschwingungen von 3 Grundeigenfrequenzen
Zirkonoxyd[2]	Coblentz Carnegie Inst. 1908 Bull. Bur. Stand. 1908	elektr.	bis 1600	Scharfe Max. bei 2,78 und $4{,}3\,\mu$, flache Max. bei 2,24; 3,2; 4,7; $5{,}4\,\mu$	Die Schärfe der Banden bleibt bei Temp.-Erhöhung erhalten
	Schmidt-Reps 1924	Knallgasgebläse	1800—1960	Banden im Rot und Ultrarot	Abb. 56
	Forsythe 1922	elektr.	1600—2600	für $\lambda = 0{,}665\,\mu$; $e_\lambda = 0{,}16$	
	Phillips 1928	Gas-Luftgebläse	1400—1700 (T_s rot)	Relatives*) Emiss.-Verm. im Blau mit steigender Temp. zunehmend, wenig größer als 1, relative Leuchtdichte im sichtbaren Gebiet ca. 1,3	Abb. 74
	,, 1928	Sauerstoff-Gasgebläse	1400—2000 (T_s rot)	Relatives*) Emiss.-Verm. im Blau konstant gleich 2, relative Leuchtdichte im sichtbaren Gebiet kleiner als 1	Abb. 74
	,, 1928	Kathodenstrahlen	1400—1800 (T_s rot)	Relatives*) Emiss.-Verm. im Blau etwas größer als 1, relative Leuchtdichte im sichtbaren Gebiet konstant gleich 1	Abb. 74
	Pirani 1911	elektr.	1070—1570	für $\lambda = 0{,}65\,\mu$; $e_\lambda = 0{,}06$ bis 0,10	

*) Der Ausdruck „relativ soll darauf hinweisen, daß auf die im Rot gemessene schwarze Temperatur anstatt auf die wahre bezogen ist.

Anmerkungen:

[1] Vgl. Tabelle 16 (Oxyde in Skelettform).　　[2] Vgl. Tabelle 14 (Lumineszenz von Oxyden).
[3] Vgl. M. Foix 1907, W. W. Coblentz 1911, Teucke 1923.　　[4] Vgl. Fery 1902 u. 1903, M. Foix 1909.　　[5] Vgl. Anderson 1907.
[6] Vgl. Kaufmann 1900 u. 1901, Lummer u. Pringsheim 1901, W. Nernst 1906, Mendenhall u. Ingersoll 1907, Coblentz, Bull. Bur. Stand. Bd. 4. 1908, Hofmann u. Bugge 1908, J. Koenigsberger 1913.

Ferner untersucht von Coblentz (Carnegie Inst. 1908, Bull. Bur. Stand. Bd. 4 u. 5. 1908): Kalziumkarbonat, Kalziumsulfat, Kobaltoxyd, Manganoxyd, Silikate, Vanadiumoxyd, Zinnoxyd; Phillips 1928: Thoroxyd mit Beimengungen von Neodymoxyd, Manganoxyd, Uranoxyd.

Tabelle 16. Strahlung reiner Oxyde in Skelettform bei Erhitzung auf dem Auerbrenner.

Substanz	Beobachter	Erreichte Temperatur Grad abs.	Gesamt Emissions-Vermögen	Opt. Nutzeffekt	Verh. des opt. Nutzeffektes zum schwarzen Körper	Strahlungseigenschaften
Thoroxyd	RUBENS 1906	über 1900	0,08 im Rot 0,22 im Blau	—	—	
	IVES, KINGSBURRY u. KARRER 1918	1930	0,044	0,00032	0,2	Abb. 81
Zirkonoxyd	dgl.	1670	0,095	0,000143	0,36	Abb. 81
Magnesium-oxyd	dgl.	1840	0,053	—	—	Abb. 81
Aluminium-oxyd	dgl.	1725	0,088	0,00039	0,7	Abb. 81
Siliziumoxyd	dgl.	1650	0,13	—	—	Abb. 81
Beryllium-oxyd	dgl.	1690	0,11	—	—	Abb. 81
Neodymoxyd	dgl.	1650	—	0,0002	0,6	Banden bei 0,53; 0,61; 0,67; 0,81; 2,8; 4,9; $12-14\,\mu$
Ceroxyd	dgl.	ca. 1500	ca. 0,22	—	—	—
Manganoxyd	dgl.	ca. 1350	—	—	—	—

Tabelle 17. Strahlung von Thoroxyd mit wechselnden Mengen anderer Oxyde (Skelettform) bei Erhitzung auf dem Auerbrenner.

Bei-mischung	Proz.-Gehalt	Erreichte Temperatur Grad abs.	Änderung des Emissionsvermögens im Sichtbaren	Änderung des Emissionsvermögens im Ultraroten	Beobachter
Ceroxyd	0,8 — 5	1670 — 1830	Das Emissionsvermögen steigt rasch an, bes. im Blauen		RUBENS 1906
	0 — 100	1500 — 1930	Das Emissionsvermögen steigt, bes. im Blauen, schon bei geringen Prozentgehalten stark an	Das Emissionsvermögen steigt stark an, die Emissionsbanden verflachen sich	IVES, KINGSBURRY u. KARRER 1918
	1	1470 $(T_s$ rot$)$	—	Anstieg im nahen Ultrarot auf etwa das Doppelte	H. SCHMIDT-REPS 1924
Uranoxyd	0 — 6	1480 — 1930	Das Emissionsvermögen steigt, bes. im Blauen, schon bei geringen Prozentgehalten stark an.	Das Emissionsvermögen steigt stark an, die Emissionsbanden verflachen sich	IVES, KINGSBURRY u. KARRER 1918
Mangan-oxyd	0 — 100	1340 — 1930	dgl.	dgl.	dgl.
Nickeloxyd	0 — 5	1270 — 1930	dgl.	Die ThO_2-Banden verschwinden bald vollständig; sehr starker Anstieg des Emissionsvermögens	dgl.
Lanthan-oxyd	0 — 50	1790 — 1930	Das Emissionsvermögen steigt zum Blauen zu stark an	Fast keine Änderung	dgl.
Praseodym-oxyd	0 — 3	1700 — 1930	Das Emissionsvermögen steigt an	dgl.	dgl.
Neodym-oxyd	0 — 100	1640 — 1930	Das Emissionsvermögen steigt, bes. im Rot stark an, die Nd_2O_3-Banden dominieren bald	Das Emissionsvermögen steigt an, die Nd_2O_3-Banden dominieren	dgl.
Erbium-oxyd	33	1790	Die Er_2O_3-Banden dominieren im Roten und Grünen	Hervortreten der Er_2O_3-Banden im nahen Ultrarot; sonst fast keine Änderung	dgl.

Literaturzusammenstellung zu Tabellen 14—17.

Anderson, Astrophys. Journ. Bd. 26, S. 73. 1907. — G. K. Burgess u. H. le Chatelier, The Measurement of high Temperatures, 497 S. New York 1912. — W. W. Coblentz, Publ. Carnegie Inst. Wash. 1908, S. 97; Bull. Bur. Stand. Bd. 4, S. 533. 1908; Bd. 5, S. 159. 1908; Jahrb. d. Radioakt. Bd. 7, S. 123. 1910; Bull. Bur. Stand. Bd. 7, S. 243. 1911. — Ch. Féry, Ann. chim. phys. Bd. 27, S. 443. 1902; Journ. de Physique Bd. 2, S. 97. 1903. — M. Foix, C. R. Bd. 144, S. 685. 1907; Bd. 145, S. 461. 1907; Bd. 148, S. 92. 1909. — W. E. Forsythe, Phys. Rev. Bd. 20, S. 101. 1922; Bd. 25, S. 252. 1925; Journ. Opt. Soc. Amer. Bd. 16, S. 307. 1928. — F. Henning u. W. Heuse, ZS. f. Phys. Bd. 20, S. 132. 1923. — K. A. Hofmann u. G. Bugge, Ber. d. D. Chem. Ges. Bd. 41, S. 3783. 1908. — K. Hoffmann, ZS. f. Phys. Bd. 14, S. 301. 1923. — H. L. Howes, Phys. Rev. Bd. 17, S. 469. 1921. — H. E. Ives, E. J. Kingsburry u. K. Karrer, Journ. Frankl. Inst. Bd. 186, S. 401 u. 624. 1918. — W. Kaufmann, Ann. d. Phys. Bd. 2, S. 158. 1900; Bd. 5, S. 757. 1901. — J. Koenigsberger, Phys. ZS. Bd. 14, S. 643. 1913. — F. Kurlbaum u. A. Günther-Schulze, Verh. d. D. Phys. Ges. Bd. 5, S. 428. 1903. — O. Lummer u. E. Pringsheim, Verh. d. D. Phys. Ges. Bd. 3, S. 36. 1901. — W. S. Mallory, Phys. Rev. Bd. 14, S. 54. 1919. — C. E. Mendenhall u. L. R. Ingersoll, Phys. Rev. Bd. 24, S. 230. 1907; Bd. 25, S. 1. 1907. — H. Miething, Verh. d. D. Phys. Ges. Bd. 18, S. 201. 1916. — W. Nernst, Phys. ZS. Bd. 7, S. 380. 1906. — W. Nernst u. E. Bose, Phys. ZS. Bd. 1, S. 289. 1900. — E. L. Nichols, Phys. Rev. Bd. 22, S. 420. 1923; Proc. Nat. Acad. Amer. Bd. 9, S. 248. 1923; Phys. Rev. Bd. 25, S. 376. 1925; Proc. Nat. Acad. Amer. Bd. 11, S. 47. 1925. — E. L. Nichols u. H. L. Howes, Phys. Rev. Bd. 19, S. 300. 1922; Journ. Opt. Soc. Amer. Bd. 6, S. 42. 1922; Science (N. S.) Bd. 55, S. 53, Nr. 1411. 1922; Proc. Nat. Acad. Amer. Bd. 15, S. 139, 1929. — E. L. Nichols, H. L. Howes u. D. T. Wilber, Phys. Rev. Bd. 12, S. 365. 1918. — E. L. Nichols u. Ch. Snow, Phil. Mag. Bd. 33, S. 19. 1882. — E. L. Nichols u. D. T. Wilber, Phys. Rev. Bd. 17, S. 453. 1921. — M. L. Phillips, Phys. Rev. Bd. 32, S. 832. 1928. — M. Pirani, Verh. d. D. Phys. Ges. Bd. 13, S. 19. 1911. — M. Pirani u. K. Conrad, ZS. f. techn. Phys. Bd. 5, S. 266. 1924. — F. Podszus, ZS. f. Phys. Bd. 18, S. 212. 1923. — H. Rosenthal, Wied. Ann. Bd. 68, S. 783. 1899. — H. Rubens, Ann. d. Phys. Bd. 18, S. 725. 1905; Bd. 20, S. 593. 1906. — K. Schaum u. H. Wüstenfeld, ZS. f. wiss. Photogr. Bd. 10, S. 212. 1911/12. — E. Schmidt, Beihefte zum Gesundheits-Ing., Reihe 1, Heft 20. 1927. — H. Schmidt-Reps, Dissert. Berlin 1924; ZS. f. techn. Phys. Bd. 6, S. 322. 1925. — H. Schmidt u. E. Furthmann, Mitt. K.-W.-Inst. Düsseldorf 1928, S. 1226. — F. Skaupy, Phys. ZS. Bd. 28, S. 842. 1927. — K. Teucke, Dissert. Leipzig 1923; Phys. Zs. Bd. 25, S. 115, 1924. — S. Tolksdorf, ZS. f. phys. Chem. Bd. 132, S. 161. 1928. — E. Wiegand, Dissert. Berlin 1923; ZS. f. Phys. Bd. 30, S. 40. 1924.